JN091592

超カンタン!

電子工作のはじめ方

はじめに

パソコンを使うのは得意でも、「ハンダごて」を握ったり、「テスター」で「抵抗値」を調べたりするような「電子工作」はちょっと……という方も多いでしょう。

しかし、最近の電子工作の入り口は、昔と違ってハードルが高くありません。子供が“ブロック”で遊ぶような感覚で始めることができます。

とりあえず体験して短期間で成果が出て興味がもてれば、その先へのステップアップの励みにもなります。
怖がらずに、まずは手にとって始めてみましょう。

＊

本書は、「電子工作」の経験がないまったくでも、「挑戦してみたい!」「遊んでみたい!」という気持ちがある方のために、短期間で電子工作の体験をするための、「マイコン・ボード」「Grove モジュール」「ブレッド・ボード」…などを紹介しています。

「電子工作の基礎知識」から「初歩の工作」までをやさしく紹介したので、本書を手にとった多くの方が、電子工作を始めることを期待しています!

I/O 編集部

超カンタン！
電子工作のはじめ方

CONTENTS

第1章

初心者が知っておきたい電子工作の話

■ 大澤文孝

「手軽なマイコン」や「面白いセンサ」に、「無線LAN」や「Bluetooth」への対応などが加わり、「電子工作」の世界が賑わっています。
「電子工作」は今、どんな状況になっているのか、概要を紹介します。

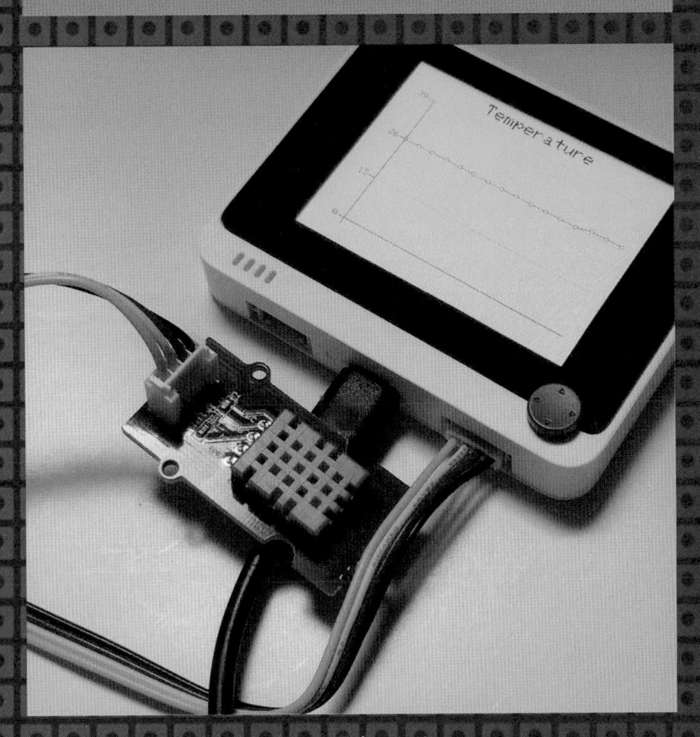

Grove温度センサ

1-1 実用的なものが“カンタン”に作れる

電子工作が賑やかなのは、実用的なものが、簡単に作れるようになったからです。

■「液晶付きマイコン」の登場

まず挙げたいのが、「M5Stack」や「Wio Terminal」など、「液晶付き・スイッチ付きマイコン」の登場です。

*

これまで「マイコン」と言えば、「CPU」と「メモリ」が搭載されているだけだったので、「電源」や「スイッチ」など、何らかの配線が不可欠でした。

しかし、「M5Stack」や「Wio Terminal」なら、液晶が内蔵されているので、何も付け足さなくても、「文字」や「グラフィック」の出力ができます。

前面には、いくつか「押しボタン・スイッチ」が付いているため、何か操作を必要とする場面でも、外部に何か接続する必要がありません。

「電源」も「USB電源」からとれるため、面倒な配線なしに、すぐに使えます(図1-1)。

図1-1　「液晶画面」の搭載で一世を風靡した「M5Stack」

■ 「つなぐだけで動く」センサの登場

「マイコン」には、「温度センサ」「音センサ」「人感センサ」など、さまざまな「センサ」をつなぎたくなるものです。

従来、こうした「センサ」を使いたいときには、周辺回路を作る必要があったのですが、最近では「モジュール化」され、「マイコン」と直結できるようになりました。

つまり、「センサ」のモジュールを、「マイコン」につなぐだけで、使えるようになったのです。

とくに、「Grove」と呼ばれるモジュールを使えば、「M5Stack」や「Wio Terminal」などに、ケーブル1本で接続するだけで、すぐに使えます(**図1-2**)。

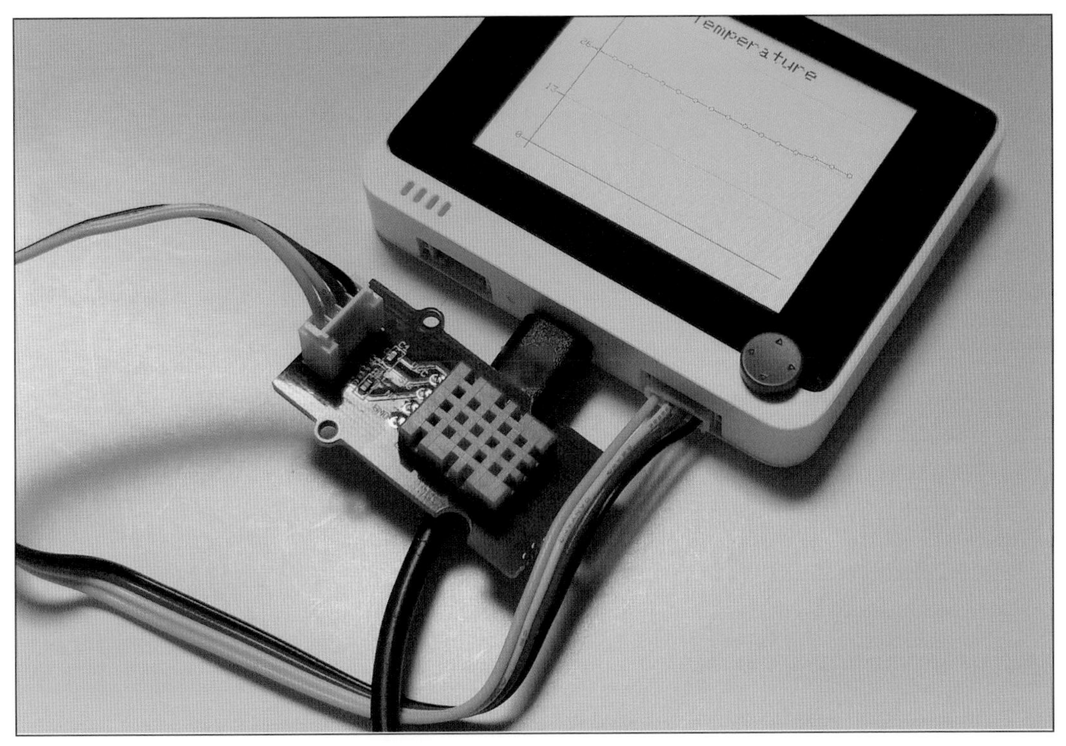

図1-2　Groveの「温度センサ」と「Wio Terminal」をつないだ例
これだけで「温度」をグラフ表示できる。

■ 「無線LAN」や「BLE」に対応

「無線LAN」や「BLE」に対応したマイコンが登場し、「実用的なモノ」が作れるようになったのも見逃せません。

たとえば、「マイコンに温度センサをつなぎ、計測した温度をパソコンからブラウザで見る」といった電子工作も、比較的簡単に作れます。

■ プログラミングが簡単に

そして、「プログラミング」も、簡単になりました。

＊

たとえば、「Arduino開発環境」に対応しているのであれば、「C/C++言語」に似た言語で作ります。

最近では、「Python (MicroPython)」や「JavaScript」を使ったプログラミングができるマイコンもあります。

さらには、「M5Stack」のプログラミング環境である「M5Flow」のような、まさに「Scratch」のように、ブロックをつないでプログラミングできる環境もあります(図1-3)。

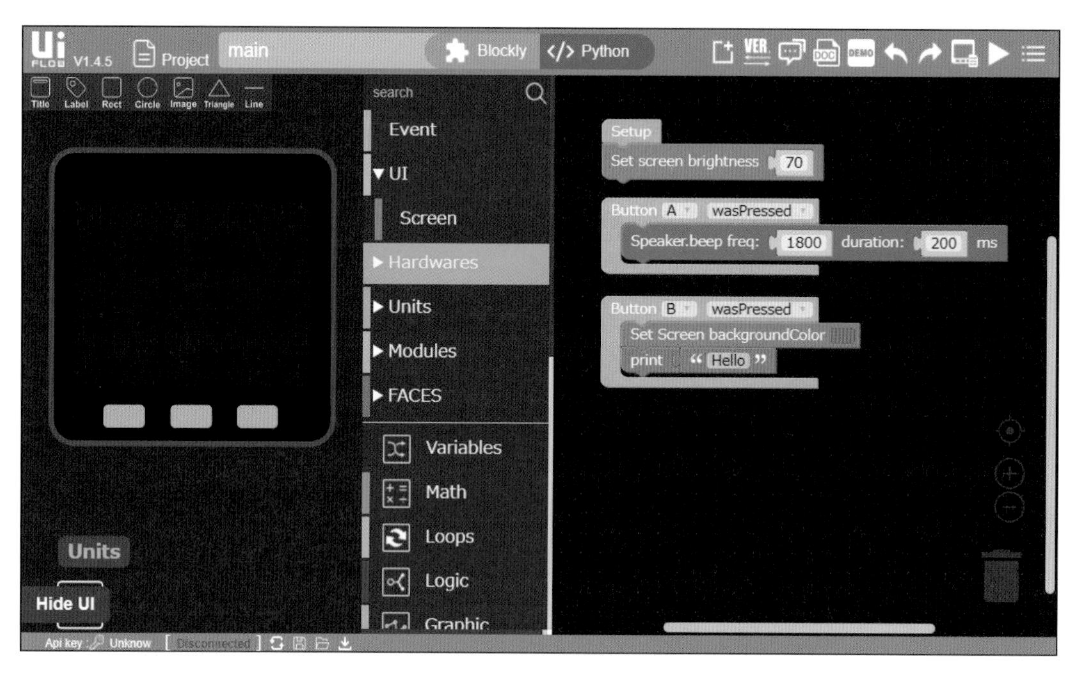

図1-3　ブロックを並べてプログラミングできる「M5Flow」

1-2 電子工作の流れ

さて、こうした魅力的な電子工作。どのように始めればよいのでしょうか。

*

最初から自分で独自の回路を作るというのは難しいので、はじめは、雑誌や書籍などに掲載されている作例を見て、それと同じものを作ることになるでしょう。

*

その流れは、おおむね、次のようになります。

---

①パーツの購入

まずは必要なパーツを購入します。

②配線

作例のとおりに配線します。

③プログラムの書き込み

マイコンを使った電子工作では、プログラムの書き込みが必要です。

「パソコン」と「マイコン」とを接続して、「パソコン」で記述したプログラムを書き込みます。

④加工などの工作

ロボットなどの工作では、さらに「モータ」や「歯車」などの工作が必要です。

以下、それぞれの項目を、もう少し掘り下げて説明します。

1-3 パーツの購入

電子工作用の部品は、パーツ・ショップで購入します。店頭で購入するほか、最近は、インターネット通販でも購入できます。

■ 店頭で購入する

東京の「秋葉原」や名古屋の「大須」、大阪の「日本橋」などの電気街には、「パーツ・ショップ」があります。

昔ながらの「パーツ・ショップ」では、欲しい部品を「1つ」から購入できます。

購入したいパーツを、店舗に備え付けの「お皿」に入れて、会計します。

パーツがどこにあるか分からないときは、お店の人に聞けば教えてくれます。

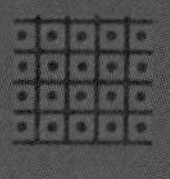

図1-4　電気店街に残るパーツ・ショップ

■ 通販で購入する

通販に対応している「パーツ・ショップ」もあります。遠方の場合は、そうした「パーツ・ショップ」を使うのも手です。

ただし、送料がかかるため、少量の部品を買う場合は、割高になりがちです。

しかし、インターネット通販だと、部品を検索して[カゴに入れる]のボタンを押すだけなので、「必要なパーツを見つけやすい」という利点もあります。

図1-5　ネット通販を利用すれば、地域格差なく、効率的に部品を入手できる

1-4 配線する

パーツが揃ったとして、どのように配線すればよいのでしょうか。

■「ハンダ付け」で配線する

典型的な方法は、「ハンダごて」を使って、「ハンダ付け」します。

●基板

パーツは、「基板」に取り付けます。

「電子工作キット」などとして購入した場合は、そのパッケージに基板が入っていることがほとんどで、それを使います。

書籍などで掲載されているものをそのまま作りたいときは、配線されておらず、穴だけが空いている、「ユニバーサル基板」と呼ばれるものを使って、そこに部品を装着して、自分で配線します(図1-6)。

図1-6　ユニバーサル基板で作った作例

●ハンダごて

「ハンダ付け」するには、「ハンダごて」が必要です。

電子工作では「15W ～30W程度」のものが適切です。

ワット数が大きいと熱量も大きくなり、部品を壊してしまう恐れがあります。

少し値段が高くなりますが、「温度調整機能」が付いている「ハンダごて」がお勧めです。

「ハンダごて」の先が熱くなりすぎず、はじめての人でも、うまく「ハンダ付け」できるからです。

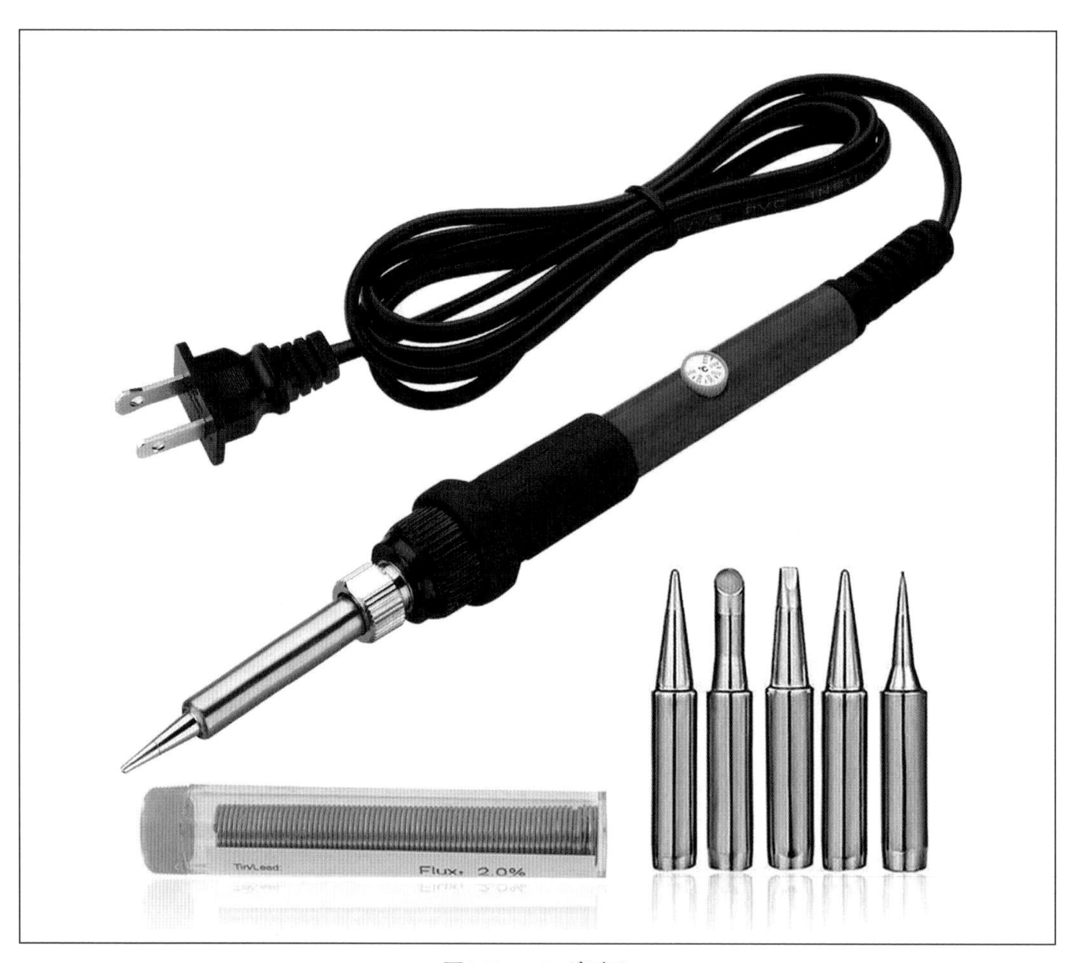

図1-7　ハンダごて

●こて台

「ハンダごて」を置くための台です。

「ハンダごて」は熱くなるので、そこらに置くことはできないため、必須です。

「こて台」には、先端についたハンダのゴミを取り除く「クリーナー」が付いています。

①)「水を含ませたスポンジで拭く」ものと②「金属ワイヤーでゴシゴシする」ものがあり、温度調整機能が付いている「ハンダごて」の場合は、温度の低下がない、②がお勧めです。

図1-8　こて台

●ハンダ

ハンダには、いろいろ種類があります。一般には、「電子工作用」などと記載されている、「ヤニ入り」のハンダを使います。

金属・板金用のハンダは、スズの含有率が違うため、使えません。

図1-9　ハンダ

●「吸い取り器」や「吸い取り線」

間違えて「ハンダ付け」してしまったときのために、ハンダを除去する「吸い取り器」や「吸い取り線」は用意しておいたほうがいいです。

「吸い取り器」は、取り除きたいところを「ハンダごて」で熱し、"ポン"と押すと、ハンダを吸い取れる工具です。

「吸い取り線」は、"使い捨てタイプ"の編み目状の金属です。
ハンダが付いたところに押し当てると、「毛細現象」によって、その網にハンダが吸い取られいきます。
「吸い取り線」は、数百円なので、ぜひ、手元に用意しておくことをお勧めします。

図1-10　ハンダ吸い取り器

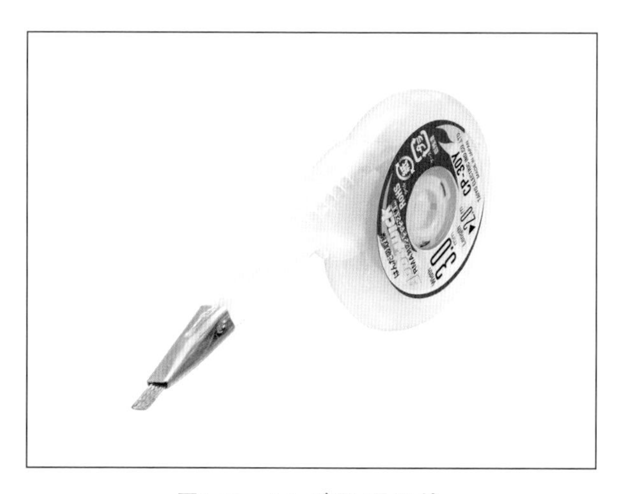

図1-11　ハンダ吸い取り線

●ピンセットとニッパー

また、「工具」として、「ピンセット」と「ニッパー」が必須です。

ハンダ付けしている部分は、部品が熱くなるので、「指で部品や配線を抑えながらハンダ付けする」ことは熱すぎてできません。

ですから、ピンセットで押さえながら作業します。

ニッパーは、余った配線を切るのに必要です。

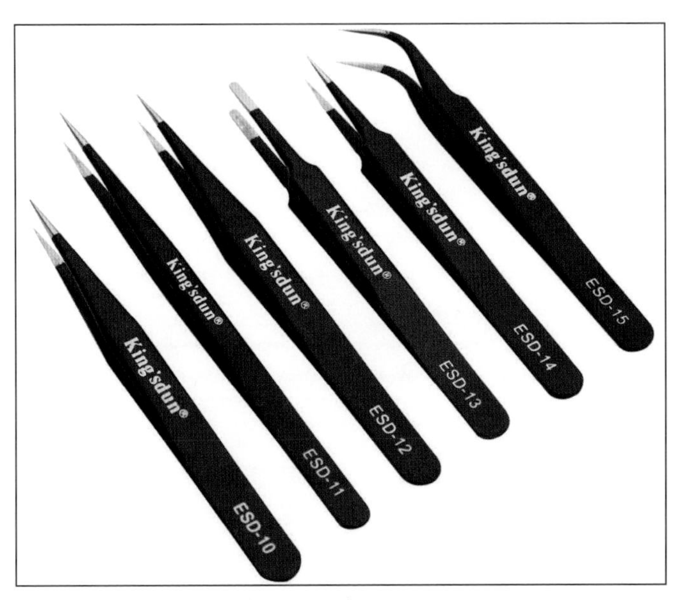

図1-12　ピンセット

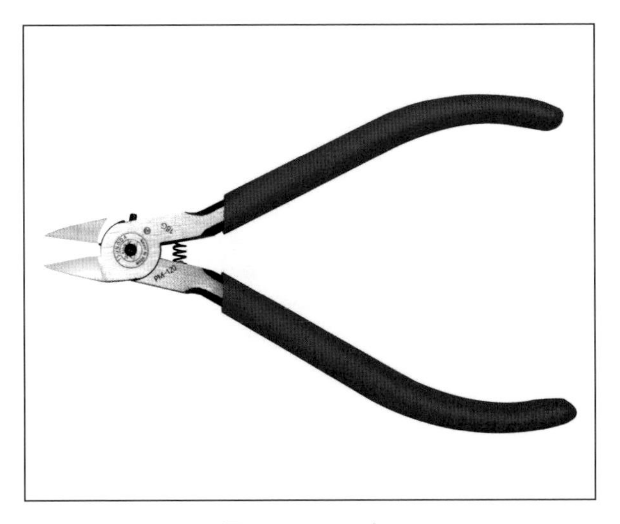

図1-13　ニッパー

■ 配線不要な「ブレッド・ボード」

「ハンダ付け」が基本なのですが、これはなかなか難しいですし、手間もかかります。

そこで試作には「ブレッド・ボード」がお勧めです。

＊

「ブレッド・ボード」には多数の穴が空いていて、直接部品を挿せるようになっています。

内部では、**図1-14**のように配線されていて、パーツを挿せば、このとおりに配線されます。

「ブレッド・ボード」では、配線のために「ジャンパー線」や「ジャンパーワイヤー」を使って配線します(**図1-15**)。

「ブレッド・ボード」とともに、「ジャンパー線」や「ジャンパーワイヤー」は、1セット用意しておきましょう。

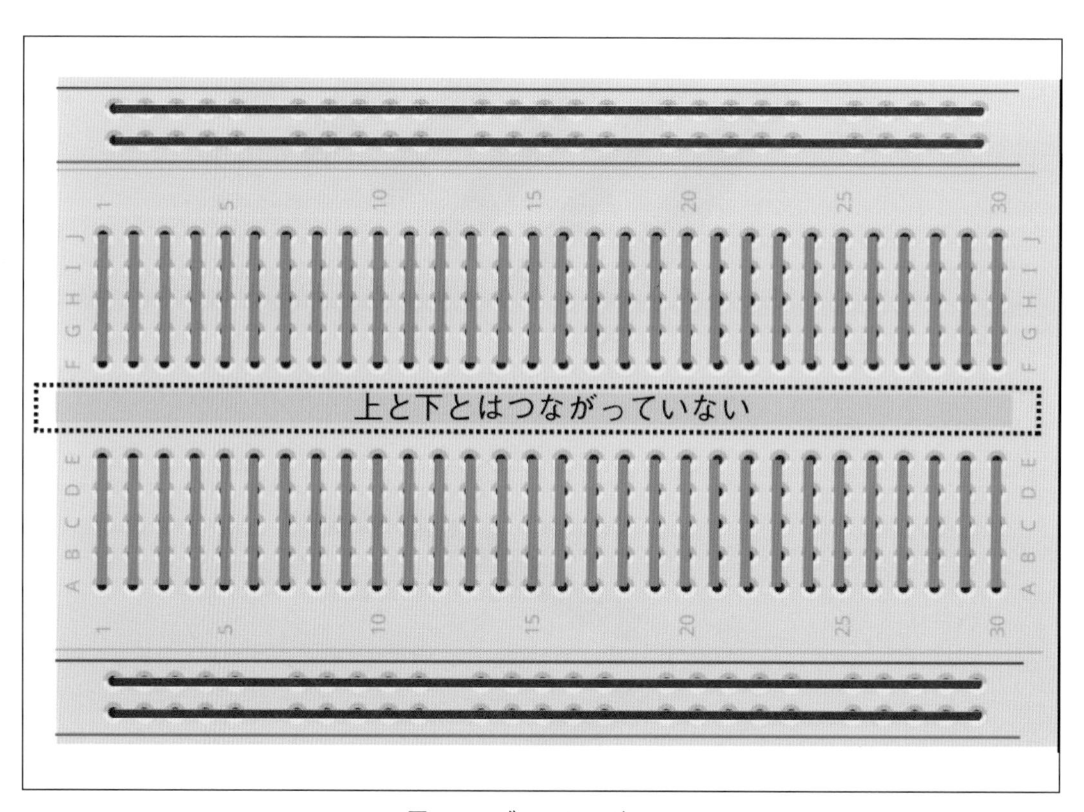

図1-14　ブレッド・ボード

図1-15　ブレッド・ボードを使った作例

Column 基板を作る

「ブレッド・ボード」は、実験を目的としたものです。パーツが抜けることもあるので、実用的に使うものには適しません。

動くことが確認できたら、改めてハンダ付けするなどして、きちんと配線します。

その際、「ユニバーサル基板」だと配線が大変なので、パソコンのソフトで配線を描き、そのファイルを業者に送って基板を作ってもらうサービスを利用することもあります。

基板作成は、数千円から作れるほど低価格化が進んだため、最近では、自分で基板を作る人が増えています。

図1-16　基板作成サイト

1-5 プログラミング

電子工作にマイコンを使っている場合は、配線が終わったあと、プログラムを書き込みます。

■ 開発環境

パソコンに、そのマイコンの開発環境を用意します。

たとえば、「Arduino」マイコンであれば、「Arduino IDE」を使って、書籍の作例などとして提示されているプログラムを記述します(図1-17)。

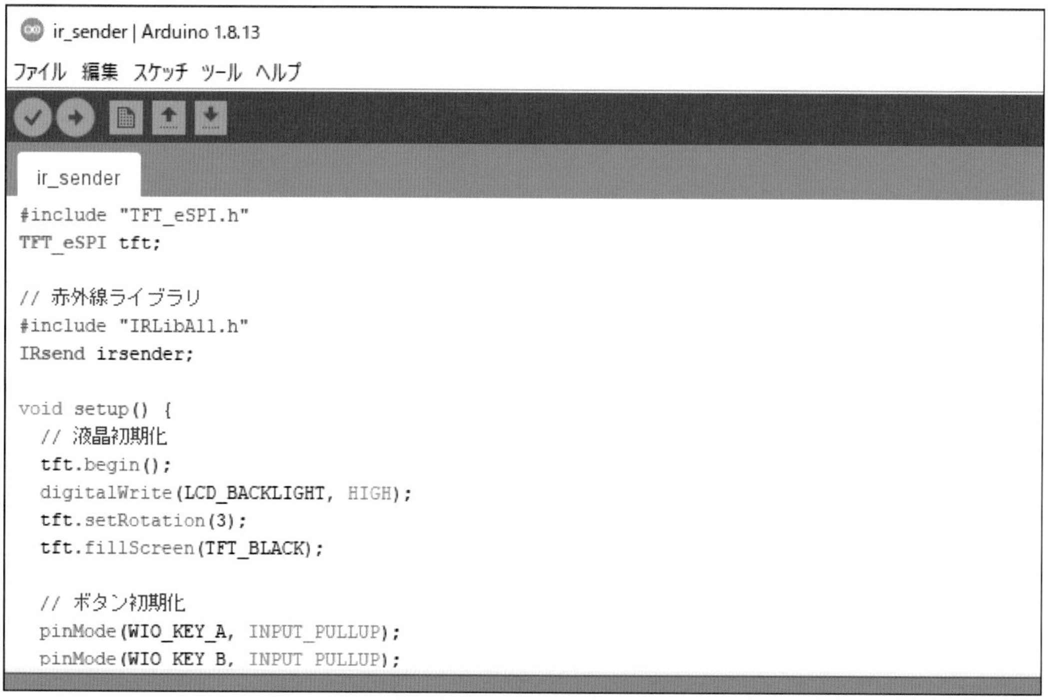

ir_sender | Arduino 1.8.13

ファイル　編集　スケッチ　ツール　ヘルプ

ir_sender

```
#include "TFT_eSPI.h"
TFT_eSPI tft;

// 赤外線ライブラリ
#include "IRLibAll.h"
IRsend irsender;

void setup() {
  // 液晶初期化
  tft.begin();
  digitalWrite(LCD_BACKLIGHT, HIGH);
  tft.setRotation(3);
  tft.fillScreen(TFT_BLACK);

  // ボタン初期化
  pinMode(WIO_KEY_A, INPUT_PULLUP);
  pinMode(WIO_KEY_B, INPUT_PULLUP);
```

図1-17　「Arduino」を使った開発例

■ プログラムの書き込み

「マイコン」と「パソコン」とを「USBケーブル」などで接続し、作った「プログラム」を書き込みます。

＊

開発環境のメニューから実行できます。

＊

書き込みが完了すると、マイコン上で、そのプログラムが動き出します。

1-6 加工などの工作

最後に、「ケースを作る」とか「モータや歯車を組み立てる」など、工作をしていきます。

最近では、「3Dプリンタ」や「レーザーカッタ」などを使って、見栄えのよいものを作れます。

＊

最初は、「ハンダごて」や「ブレッド・ボード」などを揃える必要がありますが、フルセットで揃えたとしても、1万円あれば充分足りるはずです。

「M5Stack」や「Wio Terminal」のように、単体で使えるマイコンを使えば、それらは必要ないため、より手軽に始められます。

電子工作のよいところは、最初に一式全部揃えなくても、少しずつ始められることです。

まずはハードルが低い「M5Stack」や「Wio Terminal」などの「すぐに使えるマイコン」から、ぜひ、始めてみてください。

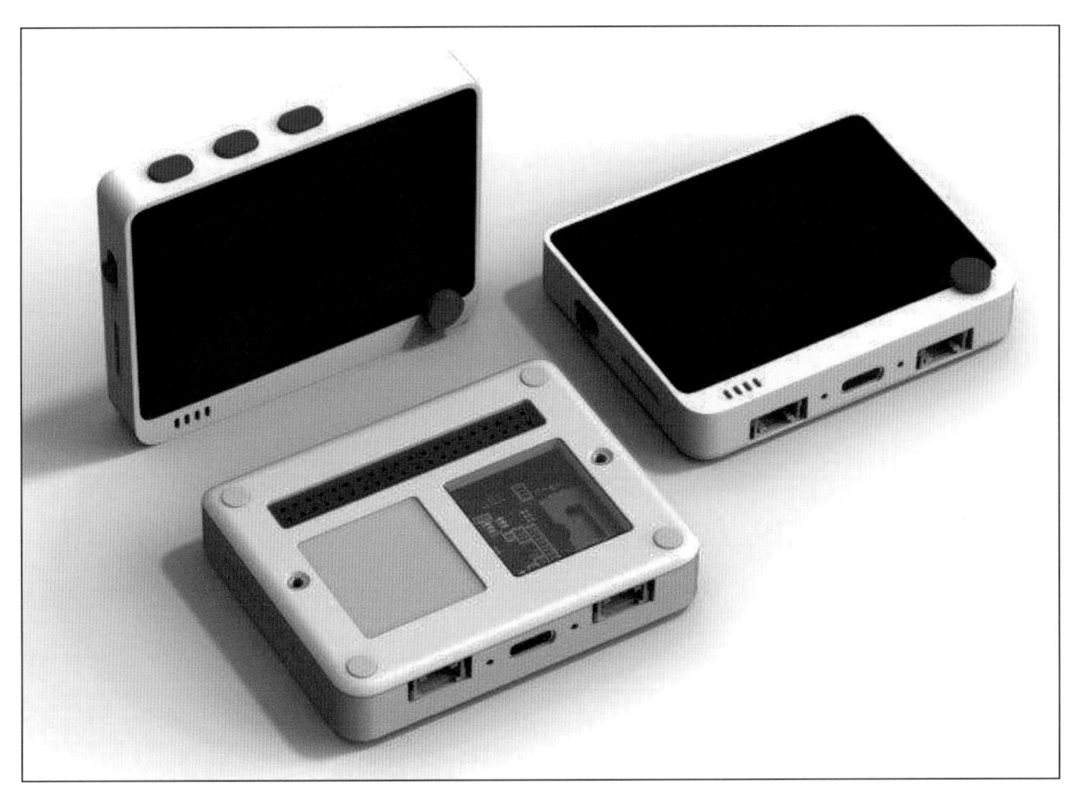

図1-18　Wio Terminal

第2章

「マイコン・ボード」「ブレッド・ボード」「Groveモジュール」

■ 勝田有一朗

初心者がなかなか手を出せないジャンルだった「電子工作」も、最近はやさしく学べるようになりました。
ここでは、電子工作を手軽に始めたい初心者のために、お勧めの製品を紹介します。

試作用ブレッドボード

2-1 「マイコン・ボード」で始める電子工作

「マイコン・ボード」の登場により、あまり電子工作に詳しくない人でも、「マイコン」を使ったいろいろな電子工作を楽しめるようになりました。

■ 「マイコン・ボード」とは

「センサ」など、さまざまなデバイスを制御する「マイコン」は、電子工作に欠かせません。

昨今は「ワンチップ・マイコン」といって、1つのチップに「CPUコア」「ROM/RAM」「I/Oインターフェイス」「タイマー」「A/D変換」などの、コンピュータを構成するすべての要素を収めたマイコンが主流です。

*

このような「マイコン」の登場で、電子工作の幅が飛躍的に広がりました。

ただ、コンピュータの要素がすべて詰まっていると言っても、「マイコンチップ」単体だけでは動作しません。

まずはマイコンを動作させるための「電子回路」(「電源」や「インターフェイス」など)を、自分で設計して作るところからがスタートになります。

しかし、これは電子工作初心者には、とても高いハードルです。

そこで、マイコンの動作に必要な電子回路をあらかじめすべてて組み込み、購入したらすぐにマイコンを使えるボードが登場しました。それが、「マイコン・ボード」です。

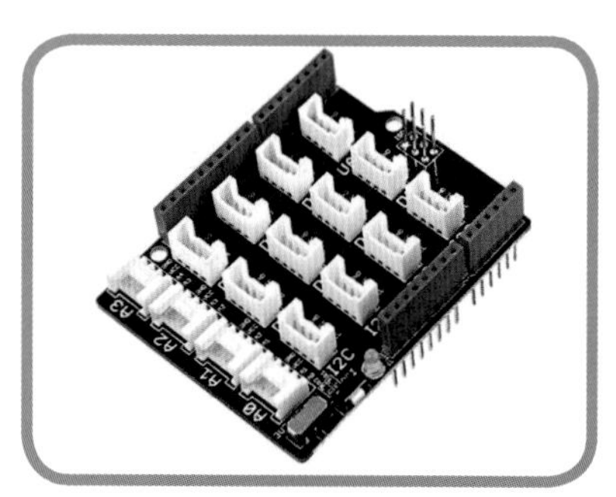

Arduinoのシールド

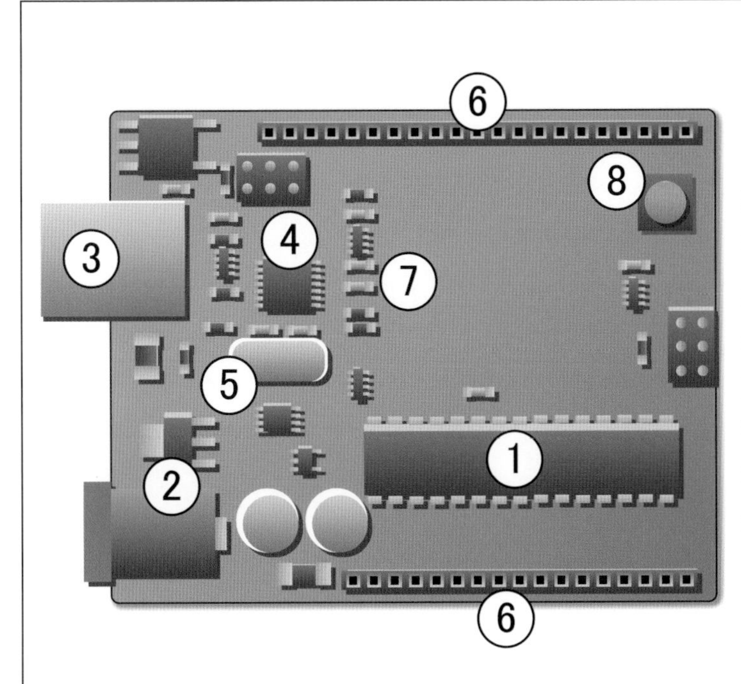

図2-1 必要な機能が組み立てられている「マイコン・ボード」
「入出力ポート」も接続の容易な「ピン/ソケット」化されているので、機能拡張が簡単にできる。

■ プログラムの知識は必要、だけど

「マイコン・ボード」のおかげで、「電子工作」のハードルはとても低くなりましたが、マイコンを動かすための「プログラム」の知識が必要な点だけは、どうしようもありません。

ただ、広く普及している「マイコン・ボード」であれば世界中のユーザーが作った数多の「サンプル・プログラム」がインターネット上に公開されています。
最初のうちはそれら「サンプル・プログラム」を丸ごと"コピペ"して、マイコン・ボードの動きを勉強していくといいでしょう。

必要に応じて細部を変更したり、機能を拡張していくことで、プログラムの知識も自然と身に付いていきます。

■ 入門にお勧めの「マイコン・ボード」

現在の「マイコン・ボード」には、いくつかの「流派」があります。

先でも少し触れたように、ユーザー数が多ければ、それだけたくさんの情報や「サンプル・プログラム」を得られるので、最初は広く普及している有名な「マイコン・ボード」から始めることをお勧めします。

＊

お勧めの「マイコン・ボード」としては、以下のものが挙げられます。

● [オススメ①] Arduino

「Arduino」(アルドゥイーノ)は、オープンソースで開発されるマイコン・ボード、およびその開発環境を含めたシステムの総称です。

*

「Arduino」には「シールド」と呼ばれる機能拡張手段が用意されていて、簡単に機能拡張できる点が大きな特徴です。

数多くの「シールド」がリリースされていて、さまざまな用途に活用できます。

*

開発環境にはとてもシンプルな「Arduino IDE」が用意されています。

パソコンとUSB接続した「Arduino」へプログラムを転送して、すぐに動作確認できるので、マイコンの習熟目的にも適しています。

*

また、多くのユーザーによって作られた「ライブラリ」の存在も、「Arduino」が人気を集める理由の1つです。

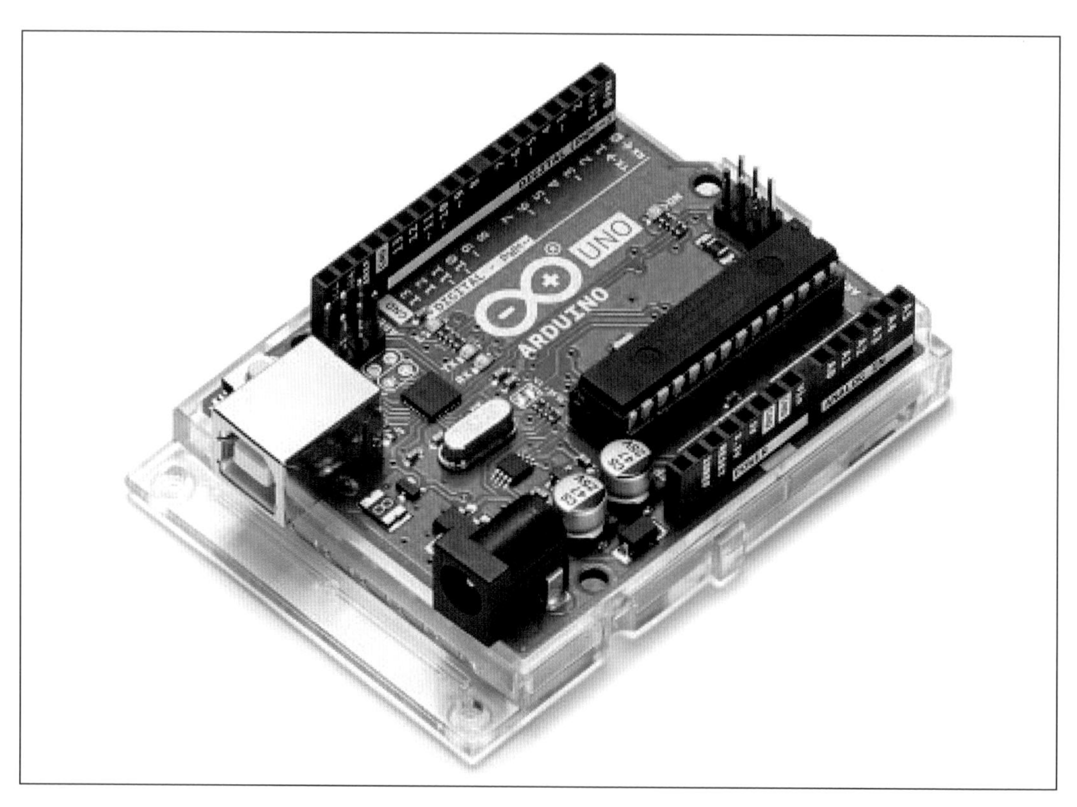

図2-2 「ベーシック・モデル」となる「Arduino Uno Rev3」
「USBポート」と「GPIOソケット」が備わっている。

図2-3 「Arduino Uno」のソケットへ亀の子状に増設するさまざまな「シールド」が販売されている

●［オススメ②］ Raspberry Pi

「Raspberry Pi」（ラズベリーパイ）は、「Armプロセッサ」を搭載するマイコン・ボードです。

OSとして、主に「Linux系OS」が使用でき、ディスプレイやキーボードなどの周辺機器を接続するインターフェイスも完備、無線LANやBluetoothも搭載。

もはや「マイコン・ボード」ではなく、「手のひらサイズのパソコン」と言ったほうがいいかもしれません。

*

開発は、イギリスのラズベリーパイ財団によって行なわれています。

もともと、「Raspberry Pi」シリーズは、コンピュータ科学の教材という位置付けだったのですが、昨今のIoTブームも手伝って電子工作で使える高機能なマイコン・ボードとして扱われることも多くなったと思います。

「Linux系OS」が走ることで、「ファイル・システム」や「TCP/IP」など、本格的なコンピュータ機能が使えます。

大容量SDカードを利用したり、直接インターネットに接続するIoTデバイス作成など、かなり高機能な電子工作が楽しめます。

図2-4 最新の「Raspberry Pi 4 Model B」
「4コア64bitArmプロセッサ」に最大「8GB」のメモリを搭載する、立派な「コンピュータ」だ。

● [オススメ③] M5Stack

「M5Stack」は、「5cm四方」のケースに、「マイコン」や「液晶ディスプレイ」を詰め込んだ、「マイコン・モジュール」です。

追加の「モジュール」を積み上げて増設することで、さまざまな機能を拡張できます。

*

一般的な「基板」ムキ出しの「マイコン・ボード」とは違って、しっかりとしたケースに収められているので、そのままでもちょっとしたお洒落な「IoTデバイス」が完成します。

*

開発環境としては「Arduino IDE」、もしくはWebブラウザ上で動作する「M5Flow」が使えます。

基本的に、「Arduino」と同じようにな感じで開発を進められます。

図2-5　最も基本的な「M5Stack Basic」
「マイコン」に「液晶ディスプレイ」、「SDカード・スロット」や、さまざまな増設用インターフェイスが備わっている。

2-2 “ハンダ付け要らず”の電子工作

■ 回路試作に便利な「ブレッド・ボード」

基本的に「マイコン・ボード」単体ではできることが限られているので、「センサ」や「モータ・ドライバ」、「LED」や「ディスプレイ」など、いろいろなデバイスを電子工作で「マイコン・ボード」に取り付けていくことになります。

＊

このあたりから本格的な「電子工作」のニオイが漂ってきますが、「ブレッド・ボード」を使えば、ハンダ付けを必要としない、電子回路の試作ができます。

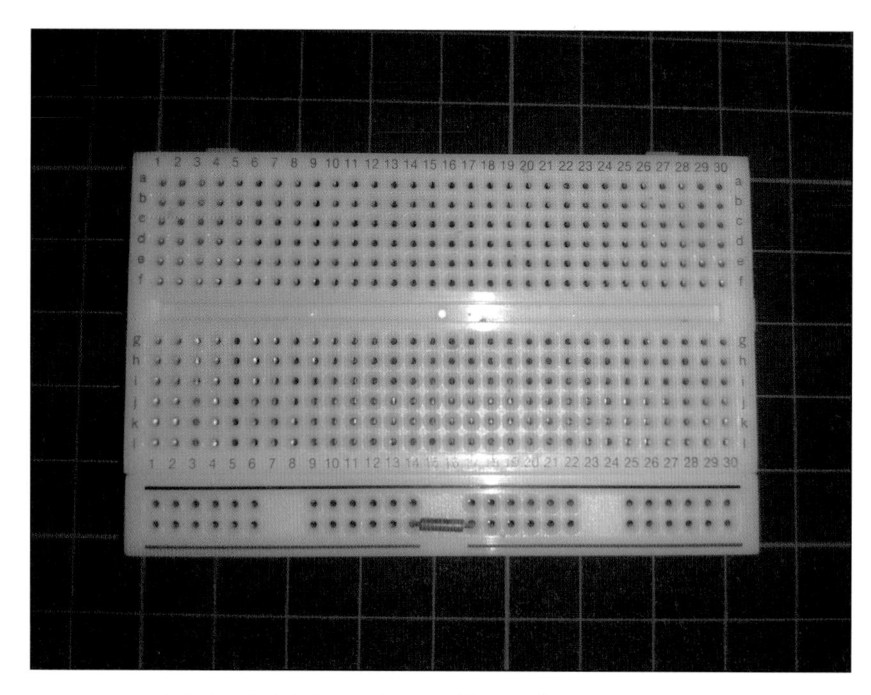

図2-6 たくさんのソケットが並ぶ、「ブレッド・ボード」

「ブレッド・ボード」に並ぶ「ソケット」は、同列部分が裏で結線されていて、そこに「モジュール」の「ピン・ヘッダ」や「ジャンパー線」などを挿すと、それぞれが回路でつながった状態になる、というものです。

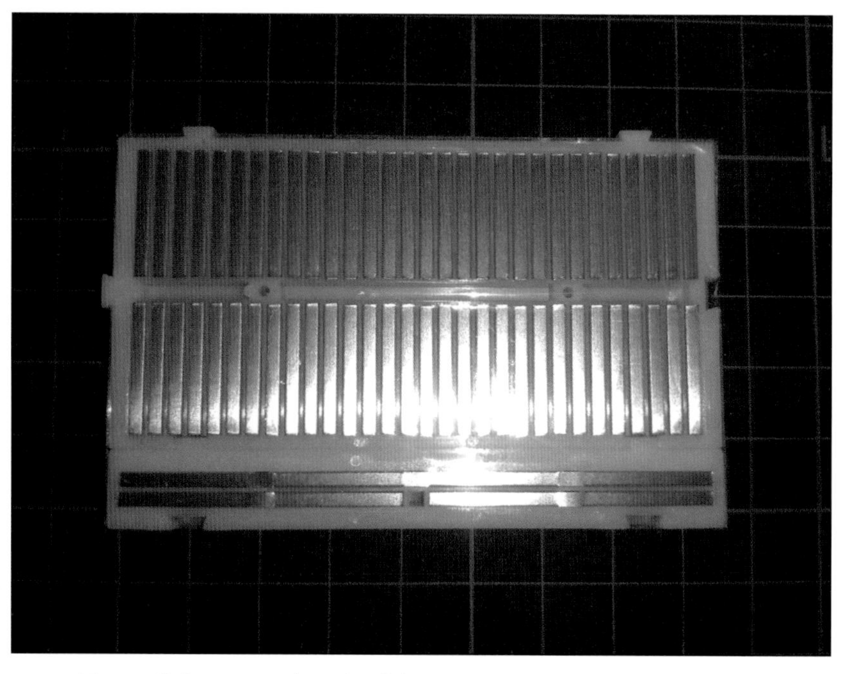

図2-7 「ブレッド・ボード」の裏側。同列でつながっているのが分かる

何回も繰り返して使え、ハンダ付けの技術も必要ないので、電子回路の試作や習熟には不可欠なパーツと言えます。

図2-8　「マイコン・ボード」や「センサ・モジュール」「抵抗素子」などを直接「ブレッド・ボード」に挿して、試作や動作検証ができる

「ブレッド・ボード」上の試作で正常に動作する電子回路を組めたら、「ユニバーサル基板」にハンダ付けで行なう、本格的な電子工作にチャレンジするのもよいと思います。

＊

なお、結線に使う「ジャンパー線」は、両端形状の違いで、「オス－オス」「オス－メス」「メス－メス」の3種類あり、1セット数十本が数百円ほどで販売されています。

それぞれ揃えておくといいでしょう。

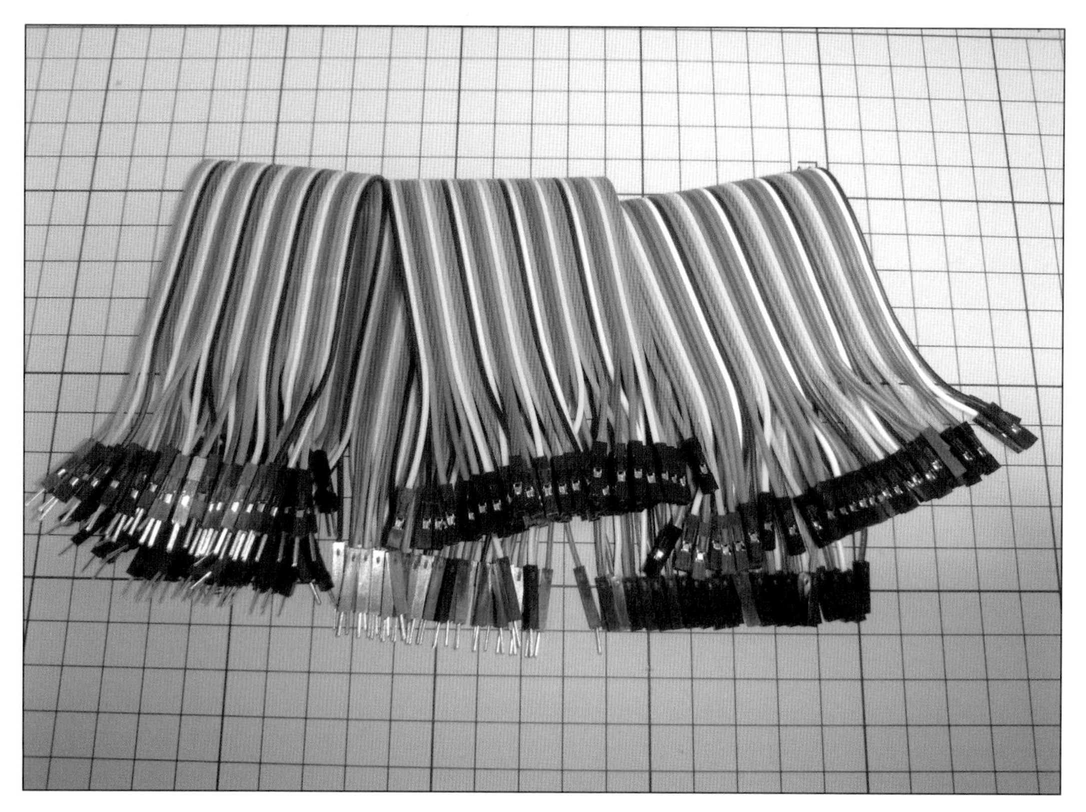

図2-9　「オスーオス」「オスーメス」「メスーメス」のジャンパー線を揃えておこう

2-3 「Groveモジュール」で簡単IoT

電子工作は、ハンダ付けの経験がないと苦戦することが多くありますが、そんな苦労を一切したくないといった場合にうってつけなのが、「Groveモジュール」です。

*

「Groveモジュール」は、統一された4ピン端子(Grove端子)で「マイコン・ボード」と結線する、「センサ」や「アクチュエータ」のモジュールです。

■ 統一端子でモジュール増設

「マイコン・ボード」と「センサ・モジュール」などをブレッド・ボード上で組み合わせれば、特に電子工作の技術がなくとも、簡単に「IoTデバイス」の試作や習熟ができるのは、ここまで解説したとおりです。

ただ、実際のところ、販売されているモジュール類には、「ピン・ヘッダ」(ジャンパー線などをつなぐ端子)が取り付けられていないことも多く、結局、「ピン・ヘッダ」を自分の手で「モジュール基板」にハンダ付けしなければならないケースがよくあります。

これが、けっこう細かい作業なので、ハンダ付けの経験がないと苦戦することが想像に難くありません。

*

「Groveモジュール」はSeed社が提供する「センサ」や「アクチュエータ」のモジュール類で、統一された「4ピン端子」(Grove端子)で、「マイコン・ボード」と結線するのが特徴です。

「Grove端子」をもつモジュールであれば、ワンタッチで確実に結線できるので、ハンダ付けに不安があっても問題ありません。

「Arduino」マイコン・ボードに「Grove端子」を増設する「シールド」が販売されていて「Arduino」から簡単に利用できるほか、「M5Stack」には最初から「Grove端子」が備わっています。

もちろん、「Raspberry Pi」でも「Grove端子」を増設して、制御可能です。

図2-10 「Grove Base Shield V2.0 for Arduino」
「Arduino」に「Grove端子」を増設する「シールド」。

■ 「Groveモジュール」には、さまざまな「モジュール」が揃う

「Groveモジュール」には多種多様な「モジュール」が用意されています。

Seed (シード) 社のオンラインショップサイトを覗くと、想像以上の数の「モジュール」が陳列されており、アイデア次第でどんな「IoTデバイス」も作れてしまいそうです。

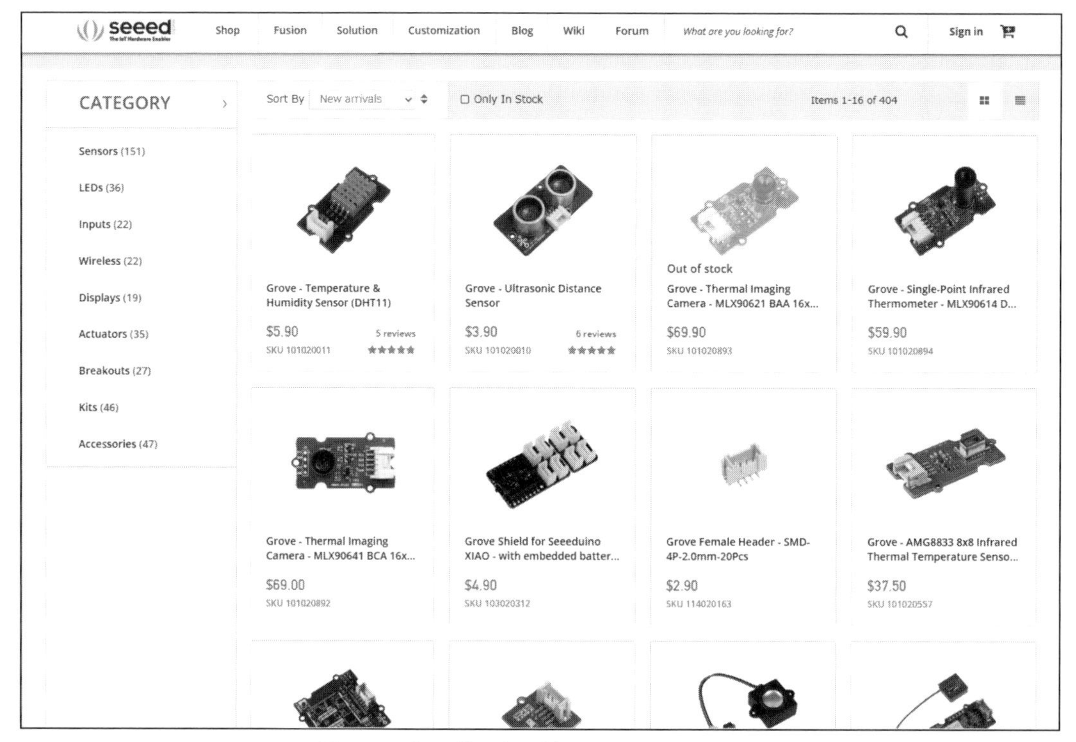

図2-11　さまざまなモジュールが並んでいる
https://www.seeedstudio.com/category/Grove-c-1003.html

また、Seed社が開設しているWiki (https://wiki.seeedstudio.com/Arduino/) がとても充実していて、各種モジュールの「サンプル・プログラム」も簡単に入手できます。

「IoTデバイス」作成の入門にも、ピッタリと言えるでしょう。

第3章

「Raspberry Pi」にセンサをつないでみよう

■ くもじゅんいち

「Raspberry Pi」は、「3.3V」「5V」両方の出力端子を備え、「I^2C」「serial I/F」も用意。「つなぐ」だけで、「デバイス」を動かせます。

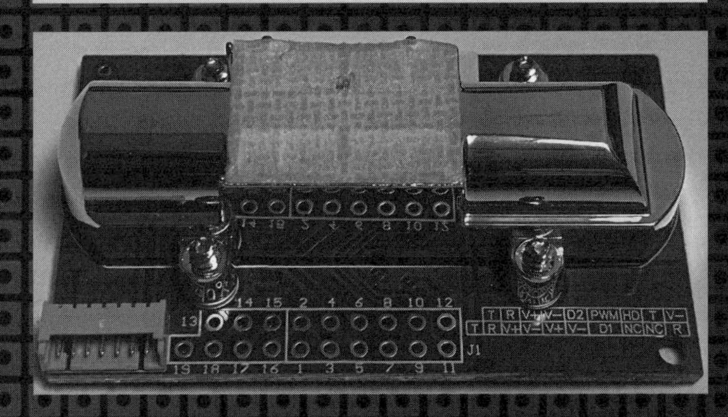

CO_2センサ

3-1 センサのI/F

近年のセンサは、通常、機器に組み込みやすいように、業界標準のI/Fを備えています。
代表的なものが「I^2C」と「RS-232C」I/Fです。

■ I^2C

「I^2C」(アイ・スクエアド・シー)は、「マスター・スレーブ構成」の「シリアル通信」の「I/F規格」です。
2本の「信号線」(+「グランド」<GND>)のみで双方向の通信を実現します。

「シリアル・クロック」(SCL)、「シリアル・データ」(SDA)信号線を「マスター」が制御し、「スレーブ側」がクロックに従って「データ」を読み、「マスター側」に「応答信号」(ACK)を返します。

「信号線」は「バス」として、全「デバイス」につながっています。

各「デバイス」は固有の「7bit ID」(アドレス)をもち、「マスター」は「アドレス」「データ」の順にデータを送信し、「スレーブ側」のデバイスは、自分宛のデータのみ読みます。

「センサ」と通信するだけならば、規格を理解する必要はありませんが、興味がある場合には、以下のサイトから規格書をダウンロードできます。

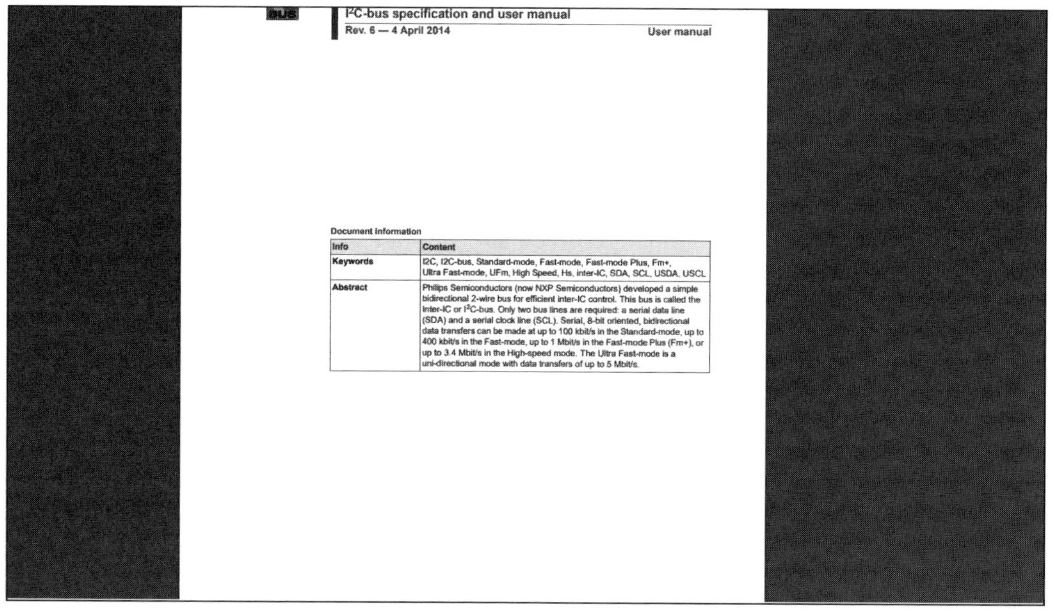

I^2C-bus specification and user manual
Rev. 6 — 4 April 2014 User manual

Document information

Info	Content
Keywords	I2C, I2C-bus, Standard-mode, Fast-mode, Fast-mode Plus, Fm+, Ultra Fast-mode, UFm, High Speed, Hs, inter-IC, SDA, SCL, USDA, USCL
Abstract	Philips Semiconductors (now NXP Semiconductors) developed a simple bidirectional 2-wire bus for efficient inter-IC control. This bus is called the Inter-IC or I^2C-bus. Only two bus lines are required: a serial data line (SDA) and a serial clock line (SCL). Serial, 8-bit oriented, bidirectional data transfers can be made at up to 100 kbit/s in the Standard-mode, up to 400 kbit/s in the Fast-mode, up to 1 Mbit/s in the Fast-mode Plus (Fm+), or up to 3.4 Mbit/s in the High-speed mode. The Ultra Fast-mode is a uni-directional mode with data transfers of up to 5 Mbit/s.

図3-1 NXP Semiconductor: UM10204 I2C-bus specification and user manual
https://www.nxp.com/docs/en/user-guide/UM10204.pdf

■ RS-232C (serial)

パソコンなどの情報機器と通信モデムを接続するためのI/Fですが、かつて双方向通信に幅広く使われました。

「通信速度」「ビット長」などをあらかじめ決めているならば、①「送信データ」(TxD)、②「受信データ」(RxD)、③「グランド」(GND)――の3本の線で通信ができます。

「データ処理あふれ」防止のため、相手側に「データ送信許可」を示す信号線や、機器のステータスの信号線も定義され、利用すればデータ送受信の制御もできます。

＊

本稿では、「Raspberry Pi」のメニューが、「RS-232C I/F」を「serial」と呼んでいることから、以下「serial」と呼びます(「I²C」も伝送方式はシリアルです)。

3-2 「Raspberry Pi」のI/F

基板上の「ピン・ヘッダ列」の図のとおり、「I²C」「serial」の信号線を予約しており、これを使う限り、ハードの改造やソフト修正は不要です。

ドライバが用意されており、機能を有効にするだけで使えます。

■ I²C

「GPIO2」「3」を「SDA」「SCL」に使います。

■ serial

「GPIO14」「15」を「TxD」「RxD」に使います。

＊

「I²C」「serial」とも、「GND」は8箇所のピンのどれにつないでもかまいません。

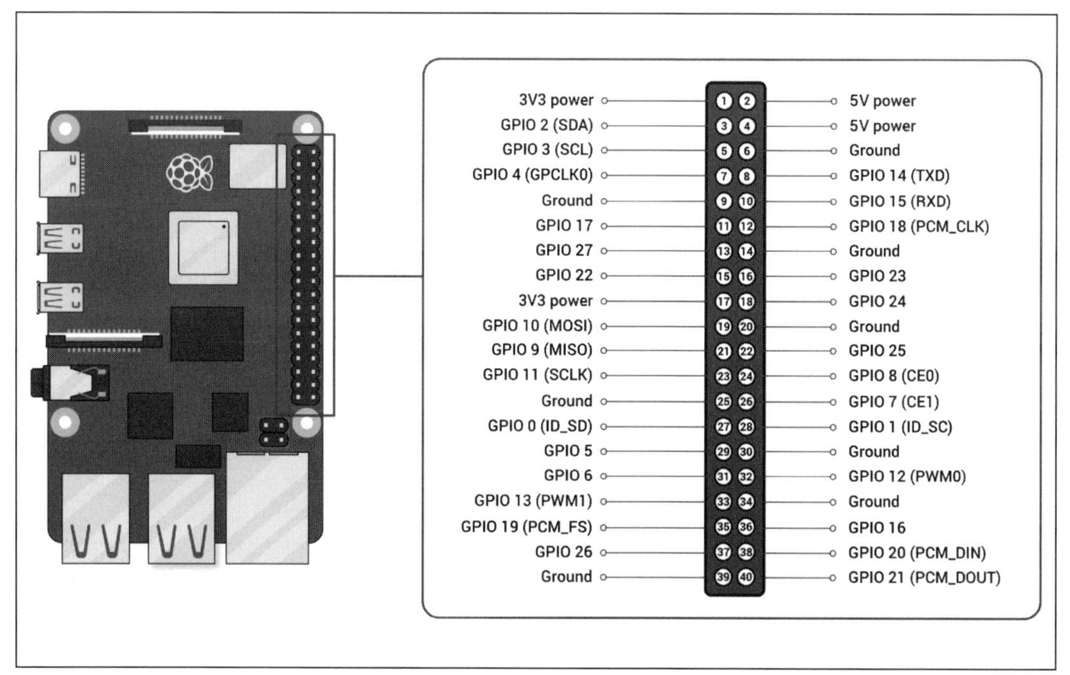

図3-2 Raspberry PiのA 40-pinヘッダ(Pi Zeroシリーズを除く)
https://www.raspberrypi.org/documentation/usage/gpio/

■ I/Fの有効化

デフォルトで、「I^2C」「serial」は無効です。

「Raspberry Pi」の設定メニュー「インターフェイス」タグから、使いたい機能を有効にし、「リブート」すると、「kernel」に「ドライバ」が組み込まれます。

図3-3 「トップ・メニュー」から「設定」-「Raspberry Piの設定」

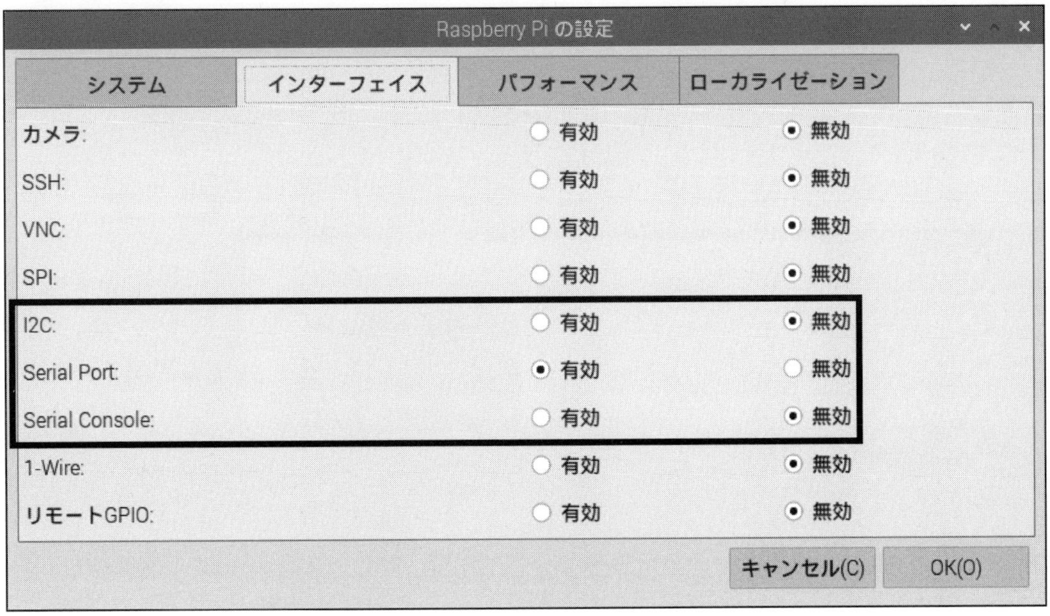

Raspberry Pi の設定

システム | インターフェイス | パフォーマンス | ローカライゼーション

カメラ:	○ 有効	◉ 無効
SSH:	○ 有効	◉ 無効
VNC:	○ 有効	◉ 無効
SPI:	○ 有効	◉ 無効
I2C:	○ 有効	◉ 無効
Serial Port:	◉ 有効	○ 無効
Serial Console:	○ 有効	◉ 無効
1-Wire:	○ 有効	◉ 無効
リモートGPIO:	○ 有効	◉ 無効

キャンセル(C)　OK(O)

図3-4　「I^2C」「serial」の「有効・無効」選択(枠線内)

以下の手順で、「Raspberry Pi」システムを最新にしておくといいでしょう。

「最新のパッケージ・リスト」の取得

```
$ sudo apt-get upgrade
```

「パッケージ・リスト」に基づいた「インストール済み機能」の更新

```
$ sudo apt-get update
```

3-3 「Wiring Pi」ライブラリ

デバイスを制御する、「Raspberry Pi」側のモニター・アプリは、たとえばserialの場合、直接「/dev/ttyAMA0」にアクセスして制御してもかまいませんが、便利なライブラリがリリースされています。

「Wiring Pi」を用いると、たとえば「SerialOpen/Close/Purchar/Getchar()」のように、分かりやすい関数でデバイスを制御できます。

■ 自己責任による使用

「Wiring Pi」の作者は、サポートの負担から、ライブラリを「非推奨」(deprecated)とし、最新版の「apt-get」でのインストール対応も止めています。

依然、個人としての利用は認めていますが、作者への問い合わせはしないでください。

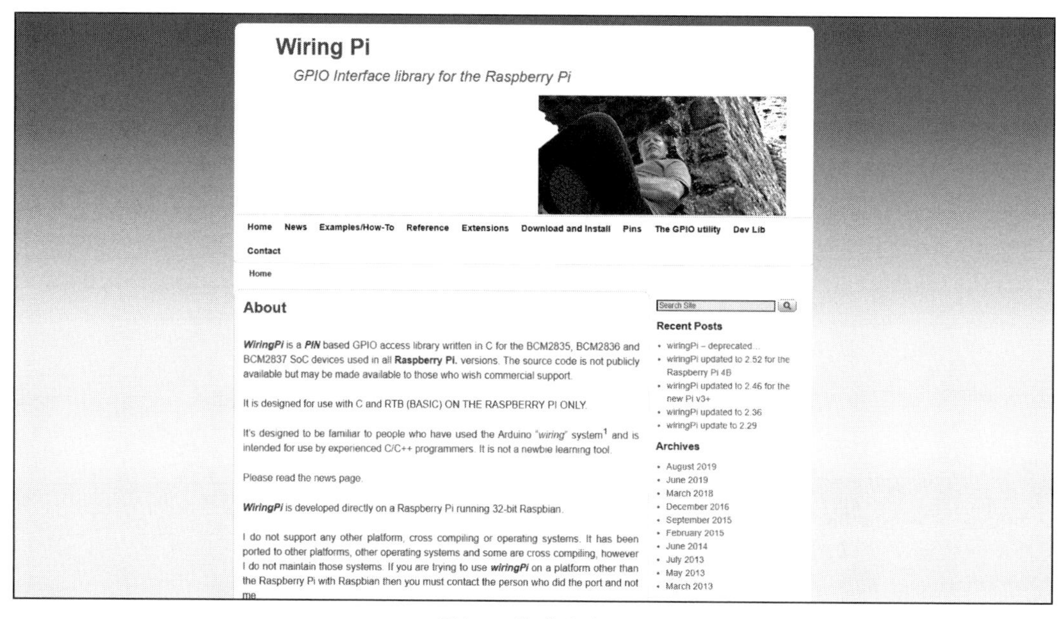

図3-5 公式サイト
http://wiringpi.com/

■ インストール

通常のインストールは、以下のとおりです。

```
sudo apt-get install wiringpi
```

本方法でインストールされる版は、「Raspberry Pi 4B」非対応の「2.50」版です。

*

「Raspberry Pi 4B」で本ライブラリを利用する場合、以下の方法で最新版の「2.52」をインストールします。

```
cd /tmp
wget https://project-downloads.drogon.net/wiringpi-latest.deb
sudo dpkg -i wiringpi-latest.deb
```

インストール後、「gpio -v」で「gpio version 2.52」と表示されることを確認します。

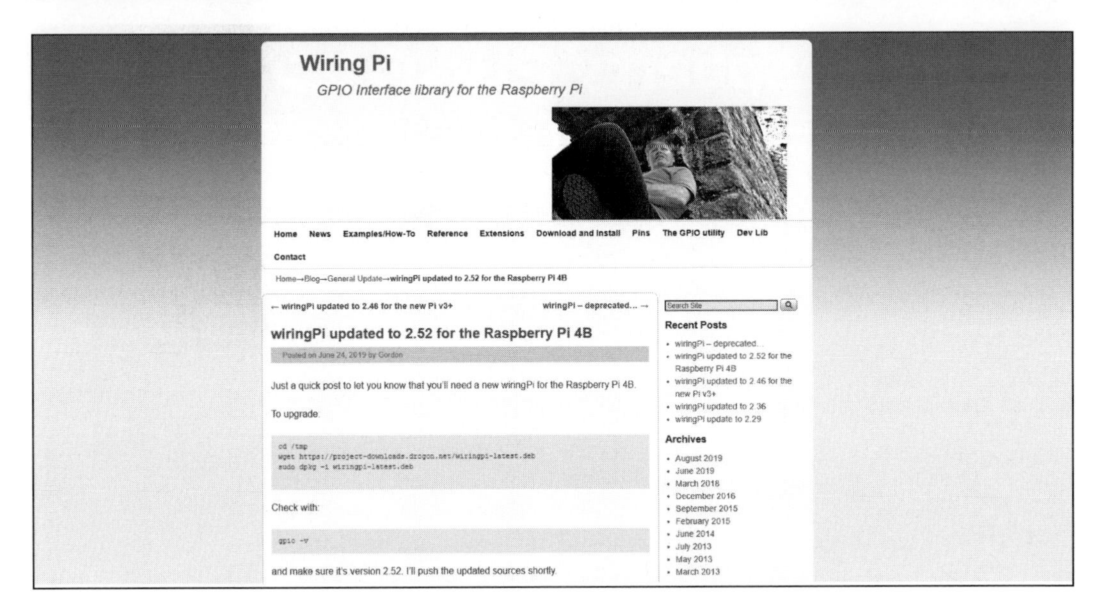

図3-6 「2.52版」インストール方法(作者サイト)
http://wiringpi.com/wiringpi-updated-to-2-52-for-the-raspberry-pi-4b/

■「ライブラリ」の「ポート番号」の確認

本ライブラリは、Arduino利用者が分かりやすいように、「Raspberry Pi」の「GPIO番号」と異なる、独自の「ポート番号」を付けています。

たとえば、「I²C」の「SDA」は「GPIO 2」ですが、「Wired Pi」では「8番」 に割り当てています。
番号の対応は、「gpio readall」で確認します。

```
pi@raspberrypi:~ $ gpio readall
 +-----+-----+---------+------+---+---Pi 4B--+---+------+---------+-----+-----+
 | BCM | wPi |   Name  | Mode | V | Physical | V | Mode | Name    | wPi | BCM |
 +-----+-----+---------+------+---+----++----+---+------+---------+-----+-----+
 |     |     |    3.3v |      |   |  1 || 2  |   |      | 5v      |     |     |
 |   2 |   8 |   SDA.1 |   IN | 1 |  3 || 4  |   |      | 5v      |     |     |
 |   3 |   9 |   SCL.1 |   IN | 1 |  5 || 6  |   |      | 0v      |     |     |
 |   4 |   7 | GPIO. 7 |   IN | 1 |  7 || 8  | 1 | ALT5 | TxD     | 15  | 14  |
 |     |     |      0v |      |   |  9 || 10 | 1 | ALT5 | RxD     | 16  | 15  |
 |  17 |   0 | GPIO. 0 |   IN | 0 | 11 || 12 | 0 | IN   | GPIO. 1 | 1   | 18  |
 |  27 |   2 | GPIO. 2 |   IN | 0 | 13 || 14 |   |      | 0v      |     |     |
 |  22 |   3 | GPIO. 3 |   IN | 0 | 15 || 16 | 0 | IN   | GPIO. 4 | 4   | 23  |
 |     |     |    3.3v |      |   | 17 || 18 | 0 | IN   | GPIO. 5 | 5   | 24  |
 |  10 |  12 |    MOSI |   IN | 0 | 19 || 20 |   |      | 0v      |     |     |
 |   9 |  13 |    MISO |   IN | 0 | 21 || 22 | 0 | IN   | GPIO. 6 | 6   | 25  |
 |  11 |  14 |    SCLK |   IN | 0 | 23 || 24 | 1 | IN   | CE0     | 10  | 8   |
 |     |     |      0v |      |   | 25 || 26 | 1 | IN   | CE1     | 11  | 7   |
 |   0 |  30 |   SDA.0 |   IN | 1 | 27 || 28 | 1 | IN   | SCL.0   | 31  | 1   |
 |   5 |  21 | GPIO.21 |   IN | 1 | 29 || 30 |   |      | 0v      |     |     |
 |   6 |  22 | GPIO.22 |   IN | 1 | 31 || 32 | 0 | IN   | GPIO.26 | 26  | 12  |
 |  13 |  23 | GPIO.23 |   IN | 0 | 33 || 34 |   |      | 0v      |     |     |
 |  19 |  24 | GPIO.24 |   IN | 0 | 35 || 36 | 0 | IN   | GPIO.27 | 27  | 16  |
 |  26 |  25 | GPIO.25 |   IN | 0 | 37 || 38 | 0 | IN   | GPIO.28 | 28  | 20  |
 |     |     |      0v |      |   | 39 || 40 | 0 | IN   | GPIO.29 | 29  | 21  |
 +-----+-----+---------+------+---+----++----+---+------+---------+-----+-----+
 | BCM | wPi |   Name  | Mode | V | Physical | V | Mode | Name    | wPi | BCM |
 +-----+-----+---------+------+---+---Pi 4B--+---+------+---------+-----+-----+
```

図3-7 「gpio」が出力する「Wired Pi」のポート番号表

3-4 「Raspberry Pi」へのセンサの接続

近年、主に中国で製造された各種デバイスが、手軽に手に入るようになりました。
使い勝手がよく、「I²C」や「serial」で制御できるものが多くあります。

＊

今回使用する、「Zhengzhou Winsen Electronics Technology」の「MH-Z14」は、個人でも1個から購入でき、「serial I/F」で制御する、手軽なCO_2センサ・デバイスです。

英文のマニュアルも用意されています。

1. Profile

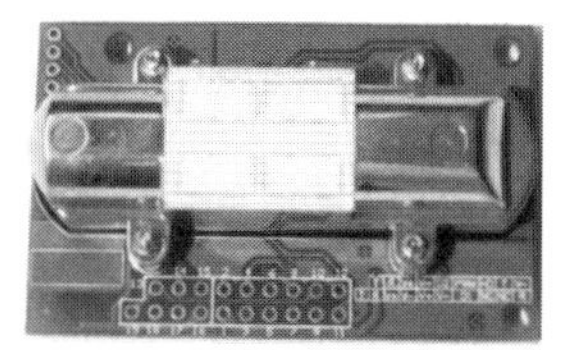

Main functions and features:

- High sensitivity, High resolution
- Low power consumption
- Output modes: UART, analog voltage signal, PWM wave
- Quick response
- Temperature compensation, excellent linear output
- Good stability
- Long lifespan
- Anti-water vapor interference
- No poisoning

図3-8
メーカー提供のマニュアル(英文)
https://www.openhacks.com/uploadsproductos/mh-z14_co2.pdf

■「センサ」への端子の追加

「Raspberry Pi」の「GPIO端子」は、「ジャンプ・ワイヤ」を挿し込むことができます。

しかし、「センサ」には端子がついておらず、ピンを付けられる穴が基板にあるだけです。

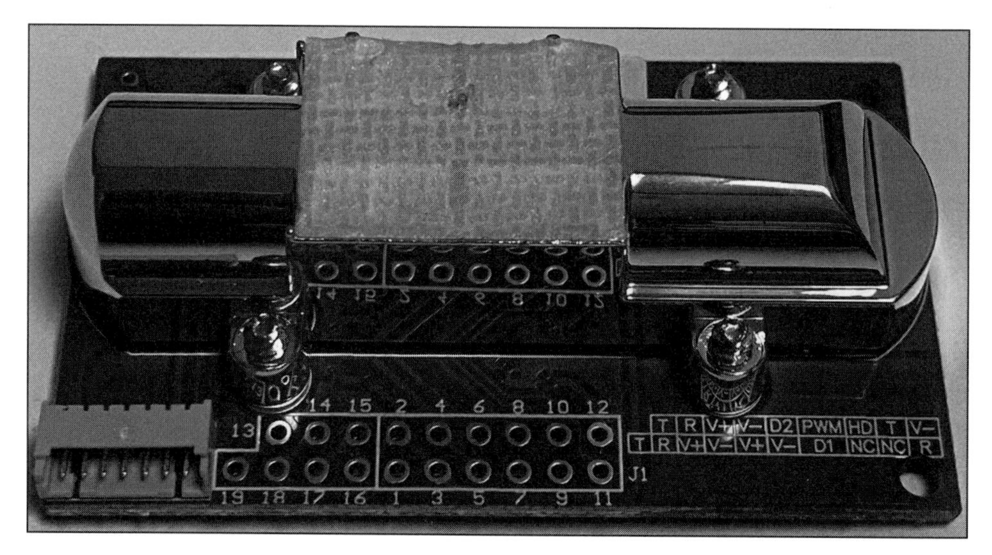

図3-9 「CO_2センサ」の「基板」と「ピン・ヘッダ用の穴」(下部)

利便性のため、センサにも同様に「ピン・ヘッダ」を付けます。

センサの穴の間隔は「2.54 mm」なので、通常の「ピン・ヘッダ」を購入し、ニッパーで必要な長さに切り、ハンダ付けします。

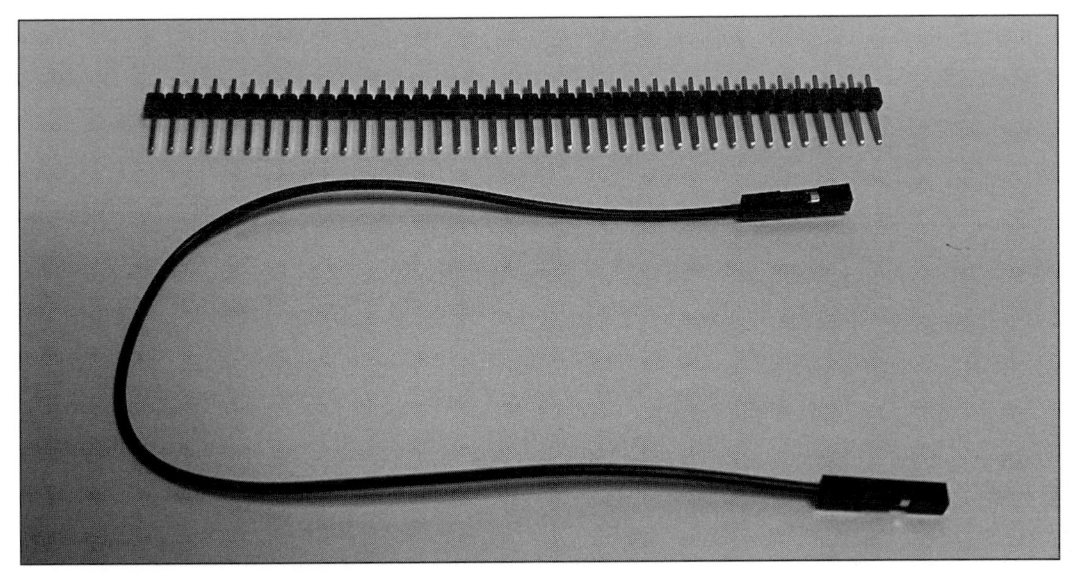

図3-10　「ピン・ヘッダ」と「ジャンプ・ワイヤ」

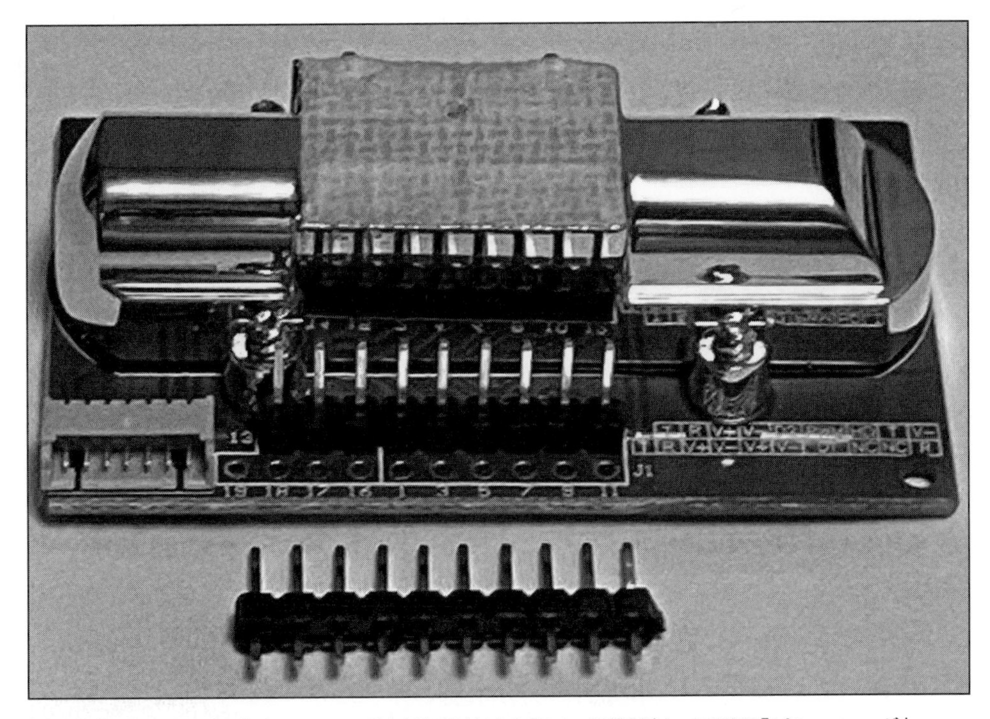

図3-11　上列に「ピン・ヘッダ」を取り付けた「センサ基板」と、下列用「ピン・ヘッダ」

■ 定格電圧に注意

「センサ」に「ピン・ヘッダ」を付け、「Raspberry Pi」につなげられるようになりました。

ここから、「ジャンプ・ワイヤ」でつなぐ端子の定格電圧が「5V」か「3.3V」か、常に確認します。

双方の電圧が異なっていると、低い電圧を想定する機器側が破損する可能性があります。

■ serialの接続

今回、「serial」と呼んでいる「RS-232C」は、本来「5V」動作のI/Fです。

一方、「センサ」のマニュアルを見ると、「Interface」は「3.3V」となっており、「5V」の入力は過大です。

しかしながら、「Raspberry Pi」の「GPIO」は「3.3V」動作(本来の「RS-232C」とは異なる電圧)のため、今回は「たまたま」何もせずに「ジャンプ・ワイヤ」でつなぐだけですみます。

■ 駆動用「5V」供給

一方、「通信」とは別に、「センサ」は「測定動作」用に「5V」を必要とします。

これも、「Raspberry Pi」の「GPIO」に「5V」の電源供給ピンがあるため、そのまま「ジャンプ・ワイヤ」でつなぐだけですみます。
あとは、「GND」をつなぐだけです。

＊

かつて、「3.3V」「5V」供給が混在する回路は、電子工作の入門者には若干負担でした。

「Raspberry Pi」では、「GPIO」が用意する電圧・I/Fで間に合うならば、線をつなぐだけで、試行錯誤で実験を進めることができます。

＊

なお、「Raspberry Pi」の「電源供給」は、「低電流」でデバイスを動作させることを想定しています。
モータを直接つなぐ実験は、絶対に行なわないでください。

第4章

「電子工作」の“心得”と“知っておきたいこと”

■某吉

「モジュールの接続方法」を知ることで、オリジナルの「モジュール」作りに挑戦できるようになります。

入門からステップアップするための、電子工作の“ヒント”をお話します。

M5-Bus

	GND	1	2	ADC1	GPIO35
	GND	3	4	ADC2	GPIO36
	GND	5	6	RESET	EN
GPIO23	MOSI	7	8	DAC0/AUDIO_L	GPIO25
GPIO19	MISO	9	10	DAC1/AUDIO_R	GPIO26
GPIO18	SCK	11	12	3.3V	
GPIO3	IO0/RXD1	13	14	IO1/TXD1	GPIO1
GPIO16	IO2/RXD2	15	16	IO3/TXD2	GPIO17
GPIO21	IO4/SDA	17	18	IO5/SCL	GPIO22
GPIO2	IO6	19	20	IO7	GPIO5
GPIO12	IO8/IIS_SCLK	21	22	IO9/IIS_WS	GPIO13
GPIO15	IO10/IIS_OUT	23	24	IO11/IIS_MCLK/BOOT	GPIO0
	HPWR	25	26	ADC0/IIS_IN	GPIO34
	HPWR	27	28	5V	
	HPWR	29	30	BATTERY	

M5Stackのバス

4-1 一歩進んだ電子工作

「マイコン」を使った「電子工作」は、「専用モジュール」を接続して楽しむ「簡単な工作」に慣れてくると、次の段階に「ステップアップ」したくなります。

*

電子パーツ店などで購入したさまざまな部品を組み合わせて、「オリジナルのモジュール」を作る工作などです。

しかし、「既製品」の接続とは違って、オリジナルのモジュールの工作は、常に想定どおりに動作するわけではありません。

そこが電子工作の「難しいところ」であり、「醍醐味」でもあります。

*

ここでは、「電子工作の基本的知識」について触れていきます。

「モジュールの接続方法」を知ることで、「オリジナルのモジュール作り」を一歩進められるようになります。

■電子工作に必要な「公式」

電子工作をより深く進めるには、最低限、次の２つの公式は知っておく必要があります。

(A)オームの法則
(B)電力の計算式

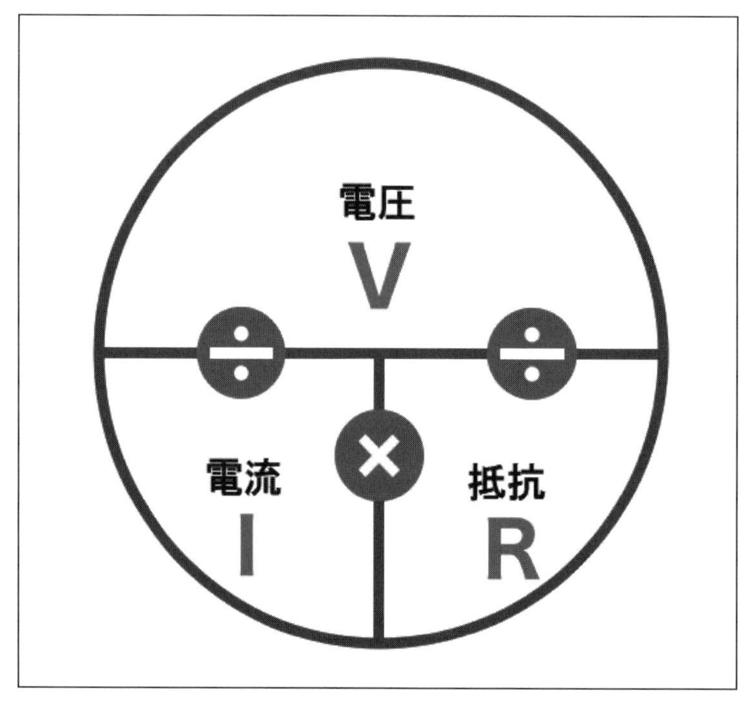

図4-1 オームの法則

(A)オームの法則……「V=IR」で、「V」は起電力(単位:V)、「I」は電流(単位:A)、「R」は抵抗(単位:Ω)となります。

(B)電力の計算式……「P=VI」で、「P」は電力(単位:W)、「V」は電圧(単位:V)、「I」は電流(単位:A)となります。

ここでは変数を共通化していますが、教科書では「V」ではなく「E」と書かれていることがあります。

「起電力」は電流を流す力であり、「電圧」はある基準点からの電位差を表わします。

電池であれば「負極」と言われ、電子回路では「グラウンド」(GND)と表記されます。

4-2　式を応用して理解

この公式を使うと、いろいろ分かります。

*

たとえば、家庭用ブレーカーの制限が「15A」で、ドライヤーの消費電力が「1200W」、電気ストーブが「500W」として、これを同時に使うとどうなるでしょうか。

感覚的にはブレーカーが落ちることが分かると思いますが、これを「数値化」することができます。

*

国内の一般家庭の電圧は「100V」なので、「V=100」。

ドライヤーは「1200W」なので、「1200=100I」となります。式を変形して「1200/100=12」となります。よって、ドライヤーを使ったときに流れる電流は、「12A」です。

「電気ストーブ」も同様に先の式に代入すると、「電気ストーブ」の電流は「5A」になります。

*

これらを同時に使うと、「12+5=17A」になります。

ここでの家庭用ブレーカーの制限である「15A」以上になるので、ブレーカーが落ちることが数字で分かりました。

*

ここでは単純化しているため、たとえば、この消費電力と瞬間的に流れる電流の違い、電源タップやコンセントの許容電流、また、ブレーカーが遮断するまでの時間などの現実的な問題があります。

ここで重要なことは、家庭用ブレーカー、特に安全ブレーカーが大電流を制限しているように、電子工作でも「電流の流しすぎはNG」ということです。

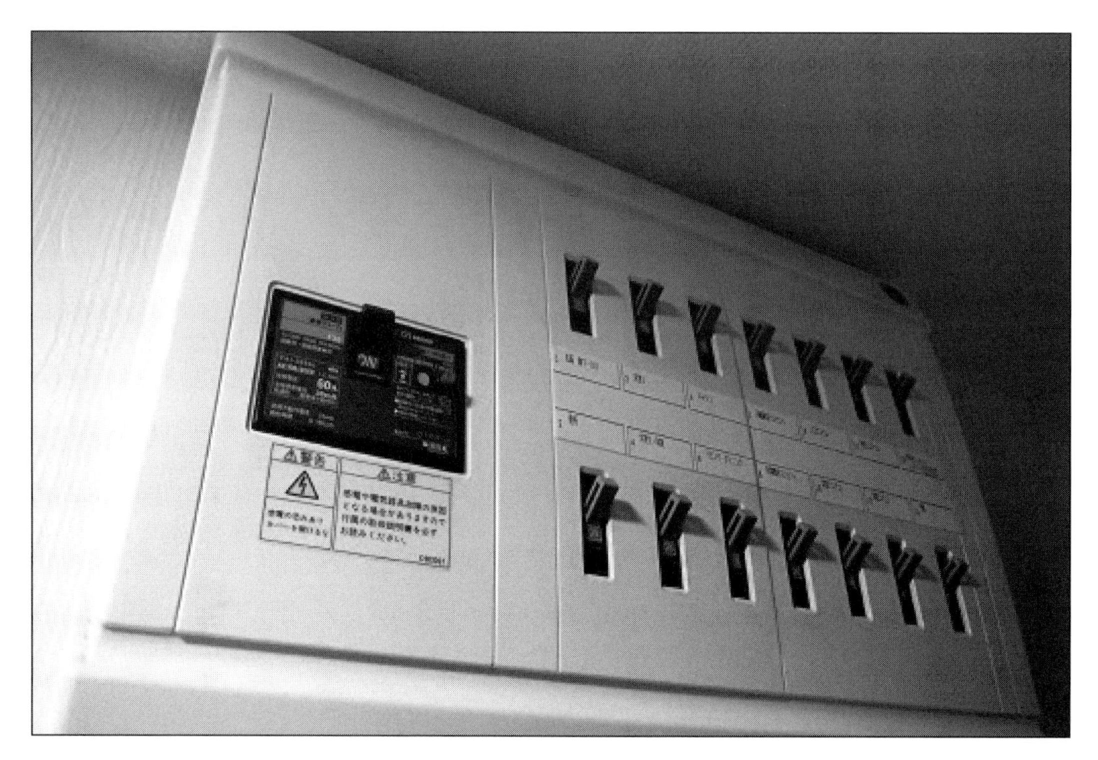

図4-2 電流が流れすぎると、ブレーカーが落ちる

たくさんの電流が流れると…

「オームの法則」では、「抵抗」に対して一定の「電圧」を掛けると「電流」が流れます。

＊

では、部品の足にある「金属」や、「ブレッド・ボード」をつなぐ「ジャンパーワイヤー」は、どの程度の「抵抗」なのでしょうか。

一般的には「0Ω」として考えられますが、現実としては、「0Ω」に近い微々たる抵抗になります。

＊

では、「ワイヤー」を「5V」の電圧を供給する電源に接続することを想像してみましょう。

「V=IR」に当てはめると、「R」が「0」なので、計算式としては成り立たず、「I=V/R」で「R」が「0」になるので、電流の量は計算できません。

実際には「R」は極めて小さいと考えられるので、実際に流れる電流の量は極めて大きくなります。

「理想的な電源」であれば、「電圧」を維持するために「抵抗」に応じて「電流」を増やしますが、「電圧」を供給する回路にも流れるので、その部分は大きく発熱します。

「電源」に「安全回路」がついていれば停止しますが、基本的には壊れるまで発熱し、火災の原因にもなります。

つまり、これは、「やってはいけないこと」でもあります。

*

ところで、「抵抗」に対して「電圧」を大きくしても、抵抗が一定であれば電流が多く流れます。ですから、これも同じような問題が起こります。
定められた電圧を超えて接続すると、故障の原因になります。

*

電圧に絡んで、もう一つ身近に起こりやすい現象があります。
コンデンサに耐圧以上の電圧を掛けると破裂することです。

つまり、「必要以上に高い電圧もNG」ということになります。

4-3 「電源電圧」「信号電圧」「インターフェイス」

「電子回路」では、基本的には「電圧」をコントロールすることで、回路に流れる「電流」をコントロールします。

*

回路全体を動かすために供給される電圧として、「電源電圧」と呼ばれるものがあります。
一昔前の「マイコン」の「電源電圧」は「5V」で、近年よく使われているマイコンは「3.3V」でした。

データシートやモジュールの説明にある「電源電圧」は、「VDD」または「VCC」とも書かれます。両方とも、「グラウンドを基準にプラス側にある正電源電圧」のことを示しています。

*

「VDD」の「D」は「電界効果トランジスタ(FET)」の「ドレイン」、「VCC」の「C」は「トランジスタ」の「コレクタ」を示していますが、今は単体でトランジスタなどの部品が使われることはほとんどないので、基本的には「電源電圧」を示しています。

＊

デジタル回路では、「電圧」を「信号」として扱います。
「H」と「L」、「オン」と「オフ」というような分け方をします。

この「電気信号」によって電流の流れを制御する素子は「トランジスタ」と呼ばれ、ほとんどの電子回路でトランジスタやトランジスタを含むICなどが使われています。

「電源電圧」に近い電圧を「H」、グラウンドに近い電圧を「L」というような扱いをします。

＊

ところで、一つ問題なのが、想定される信号電圧の高さです。

部品やマイコンの電気信号に関する、一般的なルールは次のとおりです。

- **入力は許容できる電圧が決まっている**
- **「H」になる電圧は部品の電源電圧に近い電圧**

よって、「3.3V」系のマイコンに「5V」系の部品を対象にした信号は、次の問題が起こります。

- **「3.3V」系からの出力は「H」にならないことがある**
- **「3.3V」系への入力は定格電圧を超過してしまう**

これらは、マイコンと部品の動作電圧を同じ(たとえば、「3.3V」系のみなど)にすれば問題は生じませんが、稀にこのような問題に当たる場合があります。

そのような場合は「レベルシフタ」を使うなど、インターフェイスを工夫する必要があります。

4-4 インターフェイスの説明

マイコンから出力されている信号線には、たくさんの種類があります。
部品を接続するためには、それぞれの特性を知る必要があります。

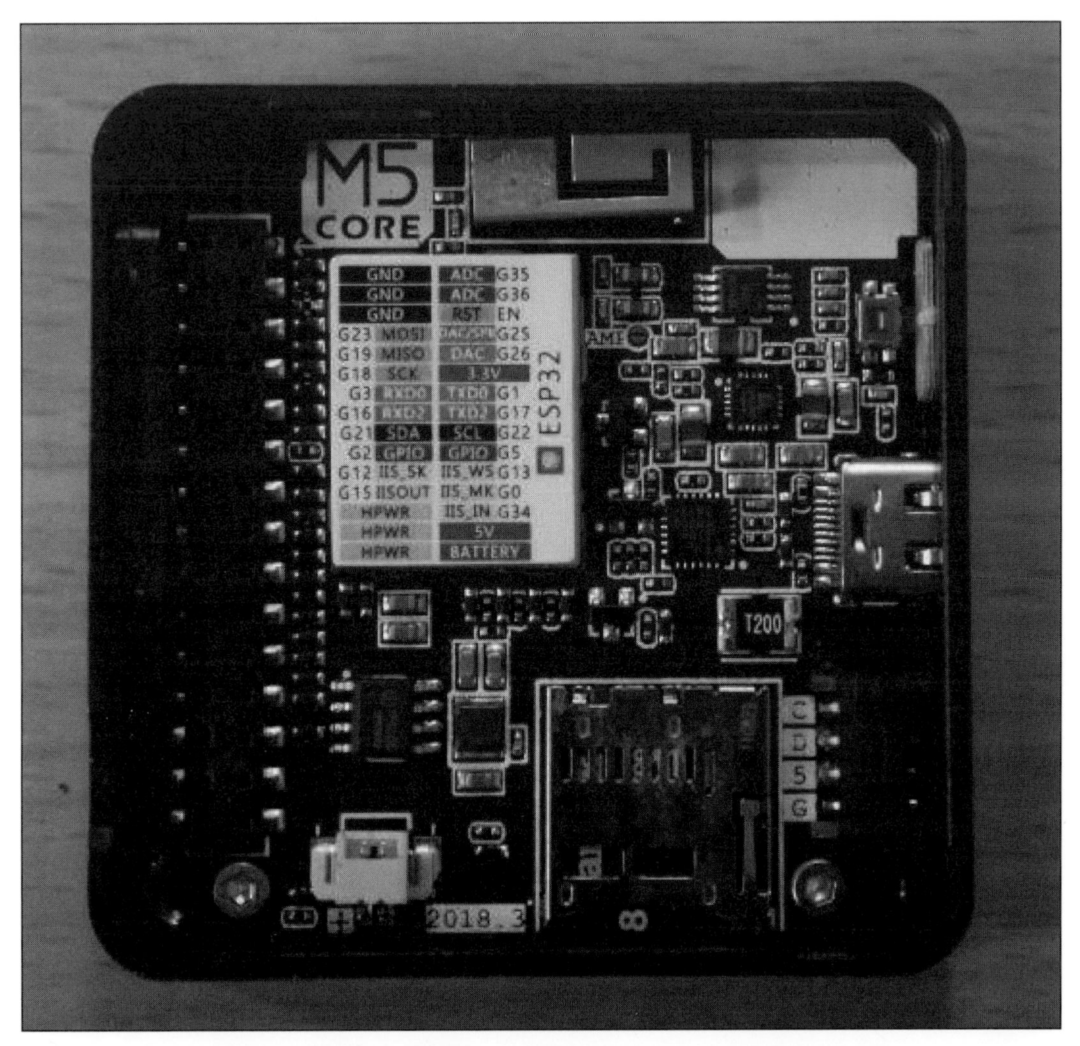

図4-3　「M5Stack」の裏側。ピン配列が分かるシールが貼られている

■ GPIO

「汎用入出力端子」です。これは「入力」にも「出力」にもなります。
プルアップを内部で行なうことができるマイコンもあります。

■ I²C

「SDA」(データ)と「SCL」(クロック)の2線の信号線を使ったインターフェイスです。
標準的な通信速度は「100kbit/秒」と速度は遅いですが、比較的安価で単純な接続ができます。

簡単な「LCDキャラクタ・ディスプレイ」、「気温センサ」などのモジュールは「I²C」であることが多いです。

図4-4　秋月電子通商の「ADT7410」を使った「I²C温度センサ・モジュール」

「I²C」は複数のデバイスを同じ線に接続できるという利便性の高いインターフェイスで、「I²C」信号線と電源、グラウンドを一つのコネクタにまとめた「Grove I²C」というインターフェイス、また、それらを並列接続する「Grove I²Cハブ」もあります。

モジュールとして完成しているものは、ケーブルを接続することで、マイコンにすぐに接続できます。

Grove自体は「I²C」以外の信号線もあり、注意が必要ですが、対応したモジュールは接続するだけで使えます。

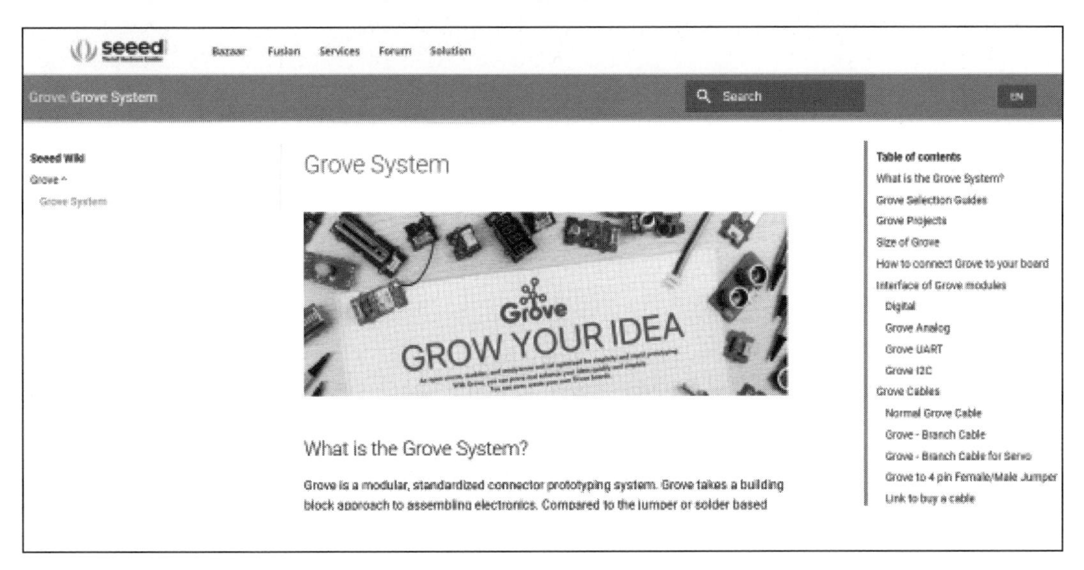

図4-5　Seeedの「Grove System」のページ
Grove I^2Cの記述もある。

■ SPI

「SPI」は、「SCK」(クロック)、「MISO」(マイコン側入力)、「MOSI」(マイコン側出力)、「SS」(デバイス側選択)といった4線によるインターフェイスです。

「I^2C」に比べて高速なのが特徴で、小型LCDディスプレイや、メモリ・カードのインターフェイスとして使われています。

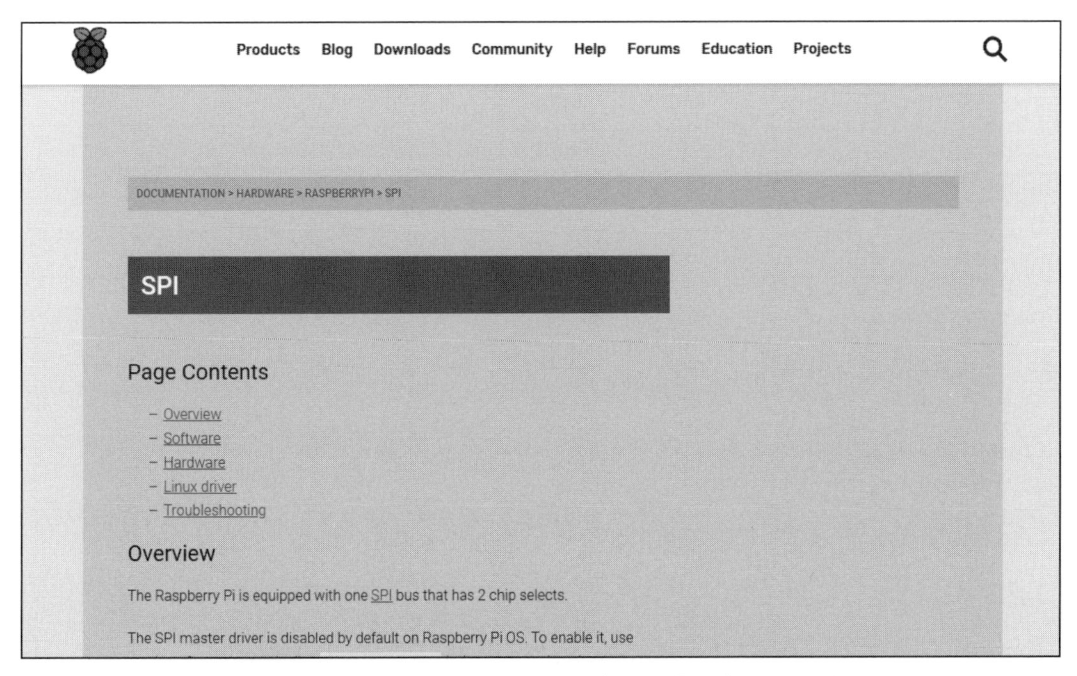

図4-6　「Raspberry Pi」の公式ページにある「SPI」の使用方法
「Raspberry Pi」では基本的にはこの手順どおりにすれば動作する。

■ アナログ

信号電圧を「H」と「L」ではなく、電圧値として入力、もしくは出力できるのがこの端子です。

たとえば、ボリュームで電圧を任意に設定する回路にすると、ボリュームの動きをマイコンで入力できます。

出力では、「出力可能な範囲内」で任意の電圧を出力できます。

■ オープン・コレクタ出力

通常は出力端子を別の出力端子へと接続することはできません。

それは、出力信号を「H」にしたい場合、出力が「H」の端子から出力が「L」の端子へと大きな電流が流れてしまうからです。

「オープン・コレクタ出力」は、出力が「H」の場合に電圧を出力しないことで、出力を束(たば)ねることができます。

複数の部品からの出力が想定される「リセット線」や「割り込み線」などがこの仕組みを使っています。

4-5 「マイコンとの接続方法」や「ライブラリの探し方」

使い方に関しては、「“マイコン名”+“インターフェイス名”」で検索するのが基本です。

*

Arduino環境は基本ライブラリが充実しているので、「I^2C」や「SPI」に関しては、もともとライブラリに準備があります。

※特定の部品に関してはコミュニティの誰かがライブラリを作っている場合があるので、特定のモジュール名で検索するといいでしょう。

「Raspberry Pi」の場合は、Linuxなので、「SPI」や「I^2C」などのインターフェイスへのアクセスは工夫が必要になります。

たとえば、「カーネル・モジュール」の「読み出し設定」が必要です。

「Raspbian」では、「sudo raspi-config」で、基本設定が可能です。

検索例として、「raspberry pi spi library」と検索すると、公式サイトのページがヒットし、「Raspberry Pi」では、今は「SPI」へのアクセスには「bcm2835 library」を使うことが分かりました。

＊

「M5Stack」やその他の「マイコン・ボード」は、「マイコン・ボード」の解説よりも、「マイコンチップの仕様書」を見るといい場合があります。

たとえば、「M5Stack」であれば「ESP32」です。
電気的な特性など接続に役立つ情報が掲載されています。

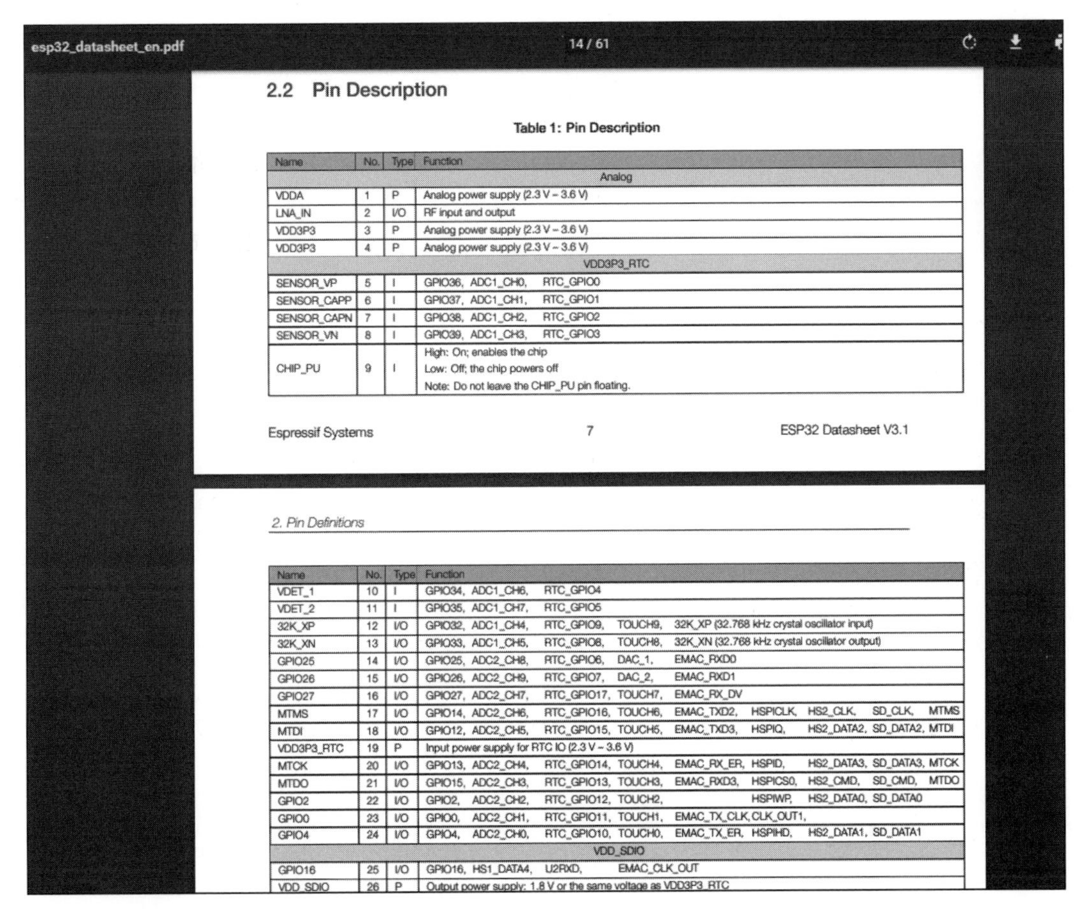

2.2 Pin Description

Table 1: Pin Description

Name	No.	Type	Function
Analog			
VDDA	1	P	Analog power supply (2.3 V ~ 3.6 V)
LNA_IN	2	I/O	RF input and output
VDD3P3	3	P	Analog power supply (2.3 V ~ 3.6 V)
VDD3P3	4	P	Analog power supply (2.3 V ~ 3.6 V)
VDD3P3_RTC			
SENSOR_VP	5	I	GPIO36, ADC1_CH0, RTC_GPIO0
SENSOR_CAPP	6	I	GPIO37, ADC1_CH1, RTC_GPIO1
SENSOR_CAPN	7	I	GPIO38, ADC1_CH2, RTC_GPIO2
SENSOR_VN	8	I	GPIO39, ADC1_CH3, RTC_GPIO3
CHIP_PU	9	I	High: On; enables the chip Low: Off; the chip powers off Note: Do not leave the CHIP_PU pin floating.

Espressif Systems 7 ESP32 Datasheet V3.1

2. Pin Definitions

Name	No.	Type	Function
VDET_1	10	I	GPIO34, ADC1_CH6, RTC_GPIO4
VDET_2	11	I	GPIO35, ADC1_CH7, RTC_GPIO5
32K_XP	12	I/O	GPIO32, ADC1_CH4, RTC_GPIO9, TOUCH9, 32K_XP (32.768 kHz crystal oscillator input)
32K_XN	13	I/O	GPIO33, ADC1_CH5, RTC_GPIO8, TOUCH8, 32K_XN (32.768 kHz crystal oscillator output)
GPIO25	14	I/O	GPIO25, ADC2_CH8, RTC_GPIO6, DAC_1, EMAC_RXD0
GPIO26	15	I/O	GPIO26, ADC2_CH9, RTC_GPIO7, DAC_2, EMAC_RXD1
GPIO27	16	I/O	GPIO27, ADC2_CH7, RTC_GPIO17, TOUCH7, EMAC_RX_DV
MTMS	17	I/O	GPIO14, ADC2_CH6, RTC_GPIO16, TOUCH6, EMAC_TXD2, HSPICLK, HS2_CLK, SD_CLK, MTMS
MTDI	18	I/O	GPIO12, ADC2_CH5, RTC_GPIO15, TOUCH5, EMAC_TXD3, HSPIQ, HS2_DATA2, SD_DATA2, MTDI
VDD3P3_RTC	19	P	Input power supply for RTC IO (2.3 V ~ 3.6 V)
MTCK	20	I/O	GPIO13, ADC2_CH4, RTC_GPIO14, TOUCH4, EMAC_RX_ER, HSPID, HS2_DATA3, SD_DATA3, MTCK
MTDO	21	I/O	GPIO15, ADC2_CH3, RTC_GPIO13, TOUCH3, EMAC_RXD3, HSPICS0, HS2_CMD, SD_CMD, MTDO
GPIO2	22	I/O	GPIO2, ADC2_CH2, RTC_GPIO12, TOUCH2, HSPIWP, HS2_DATA0, SD_DATA0
GPIO0	23	I/O	GPIO0, ADC2_CH1, RTC_GPIO11, TOUCH1, EMAC_TX_CLK, CLK_OUT1,
GPIO4	24	I/O	GPIO4, ADC2_CH0, RTC_GPIO10, TOUCH0, EMAC_TX_ER, HSPIHD, HS2_DATA1, SD_DATA1
VDD_SDIO			
GPIO16	25	I/O	GPIO16, HS1_DATA4, U2RXD, EMAC_CLK_OUT
VDD_SDIO	26	P	Output power supply: 1.8 V or the same voltage as VDD3P3_RTC

図4-7 「M5Stack公式サイト」にリンクがある、「ESP32」のピン情報。
「M5Stack」のピンの特性であり、部品接続する場合に役立つ。

図4-8　「M5Stack公式サイト」。「ESP32」の「データシート」や「回路図」などが参照できる

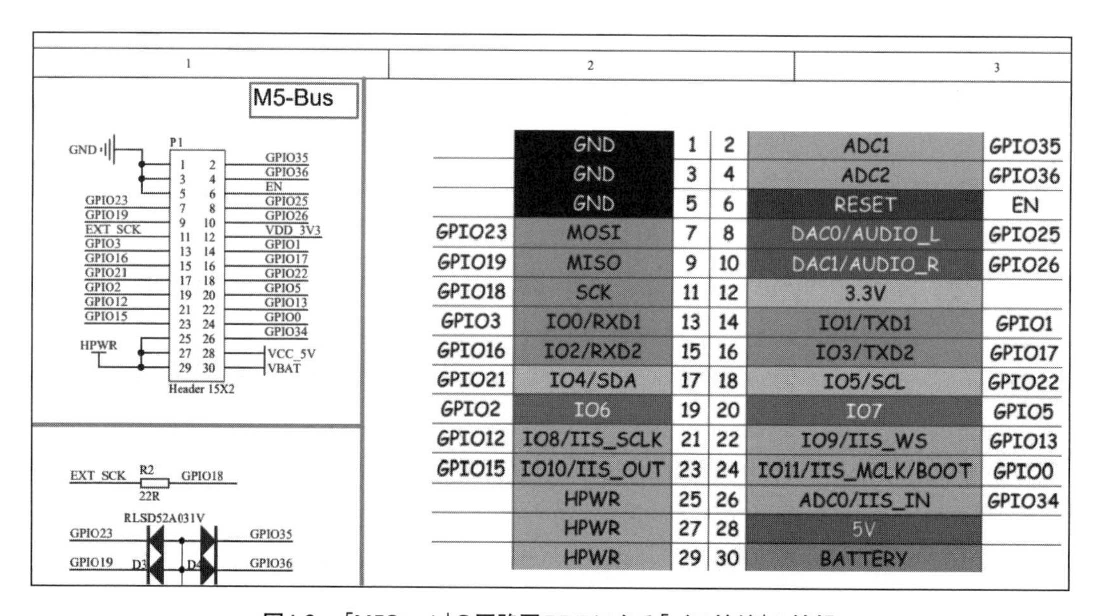

	GND	1	2	ADC1	GPIO35
	GND	3	4	ADC2	GPIO36
	GND	5	6	RESET	EN
GPIO23	MOSI	7	8	DAC0/AUDIO_L	GPIO25
GPIO19	MISO	9	10	DAC1/AUDIO_R	GPIO26
GPIO18	SCK	11	12	3.3V	
GPIO3	IO0/RXD1	13	14	IO1/TXD1	GPIO1
GPIO16	IO2/RXD2	15	16	IO3/TXD2	GPIO17
GPIO21	IO4/SDA	17	18	IO5/SCL	GPIO22
GPIO2	IO6	19	20	IO7	GPIO5
GPIO12	IO8/IIS_SCLK	21	22	IO9/IIS_WS	GPIO13
GPIO15	IO10/IIS_OUT	23	24	IO11/IIS_MCLK/BOOT	GPIO0
	HPWR	25	26	ADC0/IIS_IN	GPIO34
	HPWR	27	28	5V	
	HPWR	29	30	BATTERY	

図4-9　「M5Stack」の回路図PDFにある「バス接続」の情報

「電気的な接続の詳細」に興味をもち、マイコンに接続する「自作モジュール」の「作り方」や「制御方法」の詳細が気になる方は、拙著「Design Spark PCB プリント基板CADの使い方」を参考にしてください。

第5章

「Raspberry Pi」を使ってみよう

■ 英斗恋

「マイコン・ボード」を使う電子工作では、「Raspberry Pi」が人気で、「Raspberry Pi 4」も登場して、注目を集めています。
「Raspberry Pi」は、日常の処理に充分な「計算能力」をもち、「有線・無線」の「LAN」に対応。
「GPIO」「カメラ端子」「タッチ・ディスプレイ端子」を備えた「Raspberry Pi」は、さまざまな「ガジェット」だけでなく、産業用機器にも用いられはじめています。

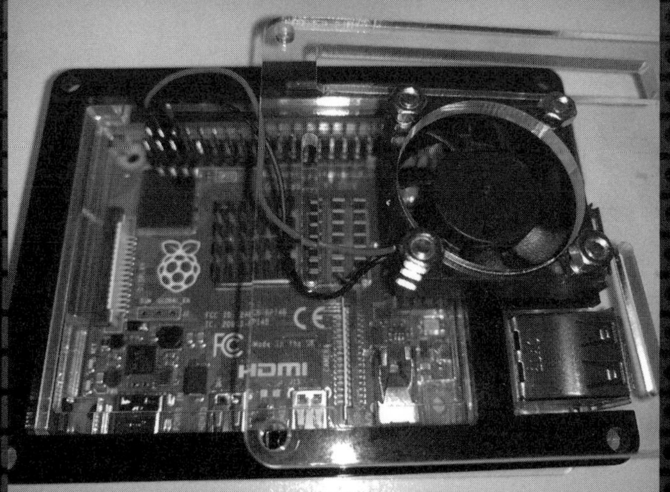

Raspberry Piに空冷ファン

5-1 「Raspberry Pi」の外観と、必要な機材の用意

「Raspberry Pi」の経験がない方を対象に、「機材の用意」から「Linuxマシンとして動作するまでの作業」を、手順を追って紹介します。

まずは、必要な機材を用意します。

■ 製品の種類

「Raspberry Pi」には、①通常の大きさのもの、②小型の「Raspberry Pi Zero」――の2種類があります。

「Raspberry Pi Zero」には「有線LANポート」がなく、また通常の「Raspberry Pi」の基板は「85 mm×56 mm」と大きくありません。

最初は、この通常のものを選ぶといいでしょう。

「Raspberry Pi」には「有線LAN」に"非対応"の「model A」と、"対応"の「model B」がありますが、現在では「B」のみ市販されています。

表5-1 製品比較

製品名	Raspberry Pi 3 model B+	Raspberry Pi 4 model B	Raspberry Pi zero WH
基板サイズ	85 mm×56 mm		65mm× 30mm
SoC (Broadcom)	BCM2837B0	BCM2711	BCM2835
CPU	ARM Cortex-A53 Quad core 1.4GHz	ARM Cortex-A72 Quad core 1.5GHz	ARM1176JZF-S Single core 1GHz
GPU	VideoCore IV	VideoCore VI	Video Core IV
メモリ	1GBytes LPDDR2 SDRAM	1・2・4GBytesのいずれか LPDDR4 SDRAM	512MBytes
WiFi	b/g/n/ac 2.4GHz・5GHz		b/g/n 2.4 GHz
Bluetooth	4.2 BLE	5 BLE	4.1 BLE
有線LANポート	Gigabit ethernet (300Mbit/s)	Gigabit ethernet	
HDMI出力	HDMI x 1	micro HDMI x 2	mini HDMI
USB	USB 2.0 x 4	USB 2.0 x 2, USB 3.0 x 2	micro USB 2.0 x 1
オーディオ出力端子	3.5mm stereo mini plug		なし(HDMIより出力)
ACアダプタ	micro USB 5V・3A(15W)	USB-C 5V・2.5A(12.5W)	micro USB 5V・1.2A(6W)

Wikipedia Raspberry Pi他より編集

「Linux OS」のインストールは、「SDカード」から行ない、また「有線接続」すればインターネットが利用できます。

そのため、WiFiを有効にしなくても充分利用可能です。

■ケース

開発元の「Raspberry Pi財団」は、ボードのリリースのみを行なっています。そこから完成品に組み立てるのは、購入者の仕事です。

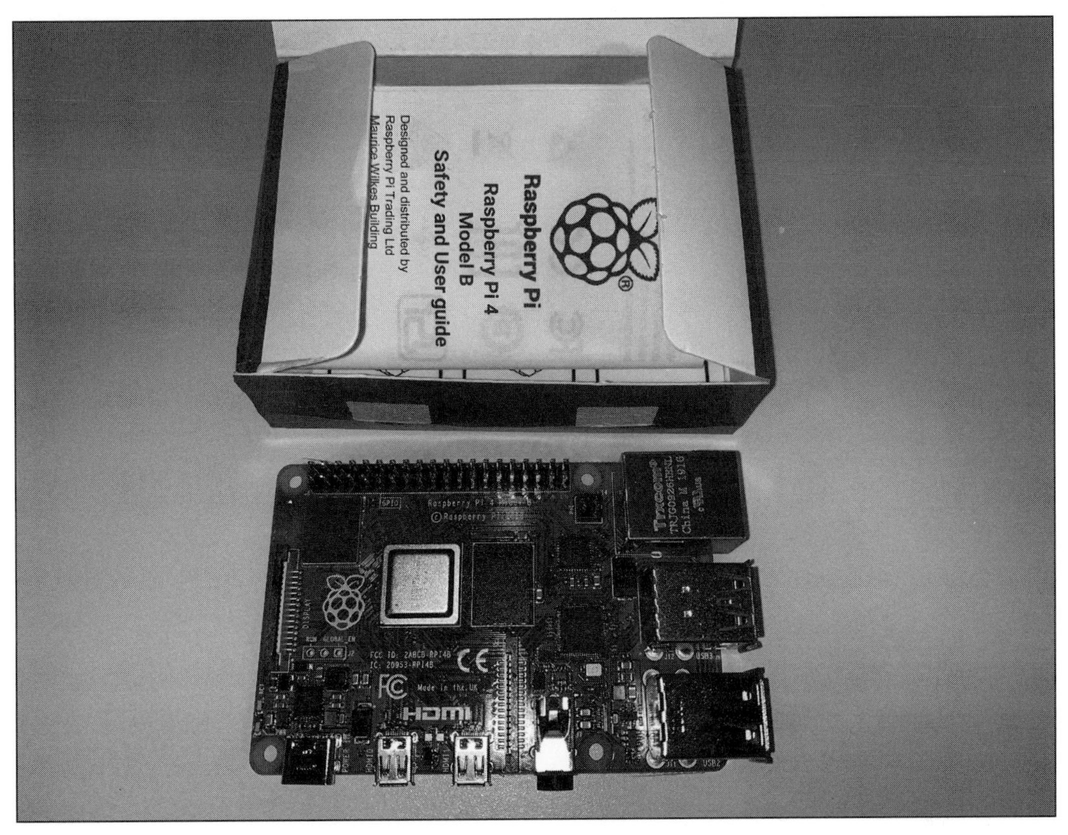

図5-1 小さな紙箱に入った「Raspberry Pi 4」

基板上には「GPIO」のピンが立っており、「5V・3.3V」の端子がムキ出しになっています。誤って短絡させると危険なので、ケースに入れる必要があります。

狭い基板上に、「SDカード・スロット」「GPIO」「USB」「HDMIx2」「LANポート」「AC(USB)」が並び、各端子の位置は製品ごとに微妙に違います。

そこで、サードパーティ各社からケースが販売されているので、製品に合った専用のケースを購入します。

あるいは、100円ショップで「プラスチック・ケース」を買い、自分で端子の部分に穴を開けて、ケースを自作するホビーユーザーもいます。

※自作の場合、静電気が溜って基板にダメージを与えることがないように注意します。

■ 空冷ファン

ボードを購入すると、金属製の「CPUクーラー」が付いてきます。

「Raspberry Pi」はBroadcom社のスマホ向けチップを採用しており、通常の使用形態において「空冷ファン」は不要です。

ただし、「スマホ向けCPU・GPU」は「空冷ファン」を搭載できない物理的制限から、高発熱時にクロック低下を行なうファームウェアの使用が前提となっています。
可能ならば冷却が望ましいのはPCと同様です。

市販のケースでは基板を覆うことから、「冷却ファン」がついているものが多く見られます。

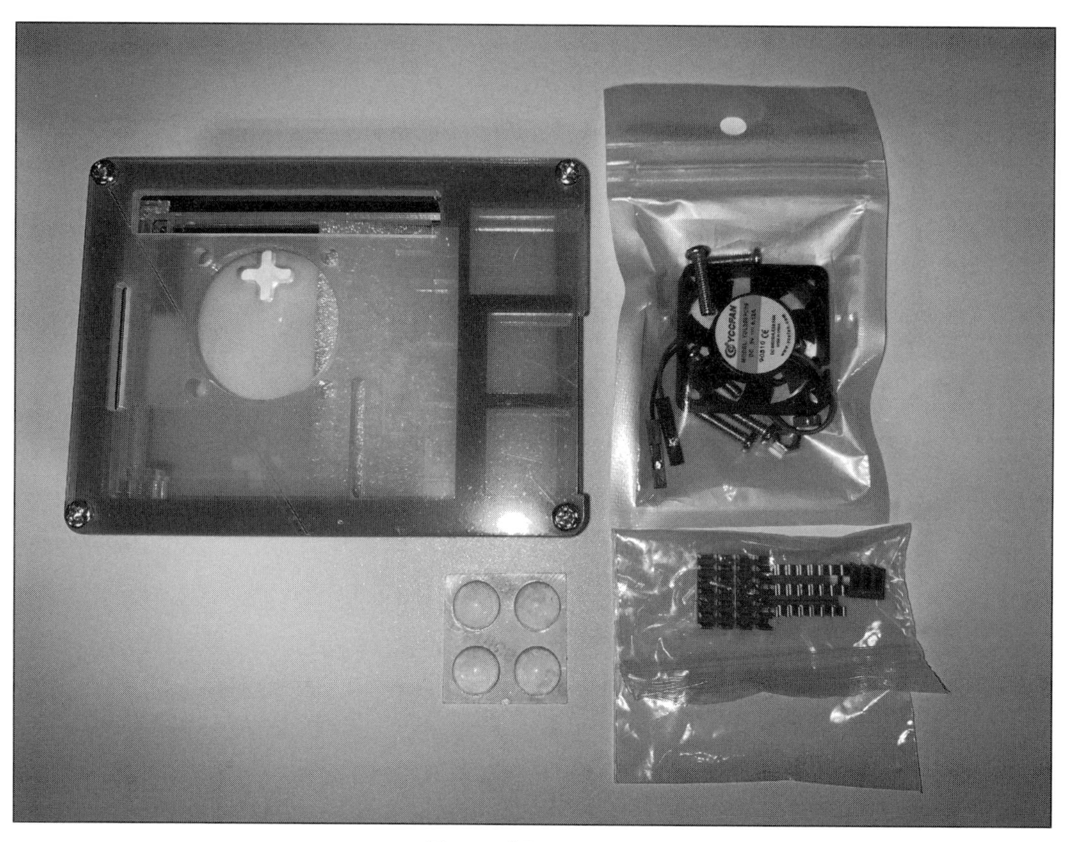

図5-2 市販のケース

ここで、「冷却ファン」は「GPIO」の「5V」(あるいは3.3V)と「GND端子」に接続します。
「GPIO端子」を実装する「Raspberry Pi 4」らしい解決法です。

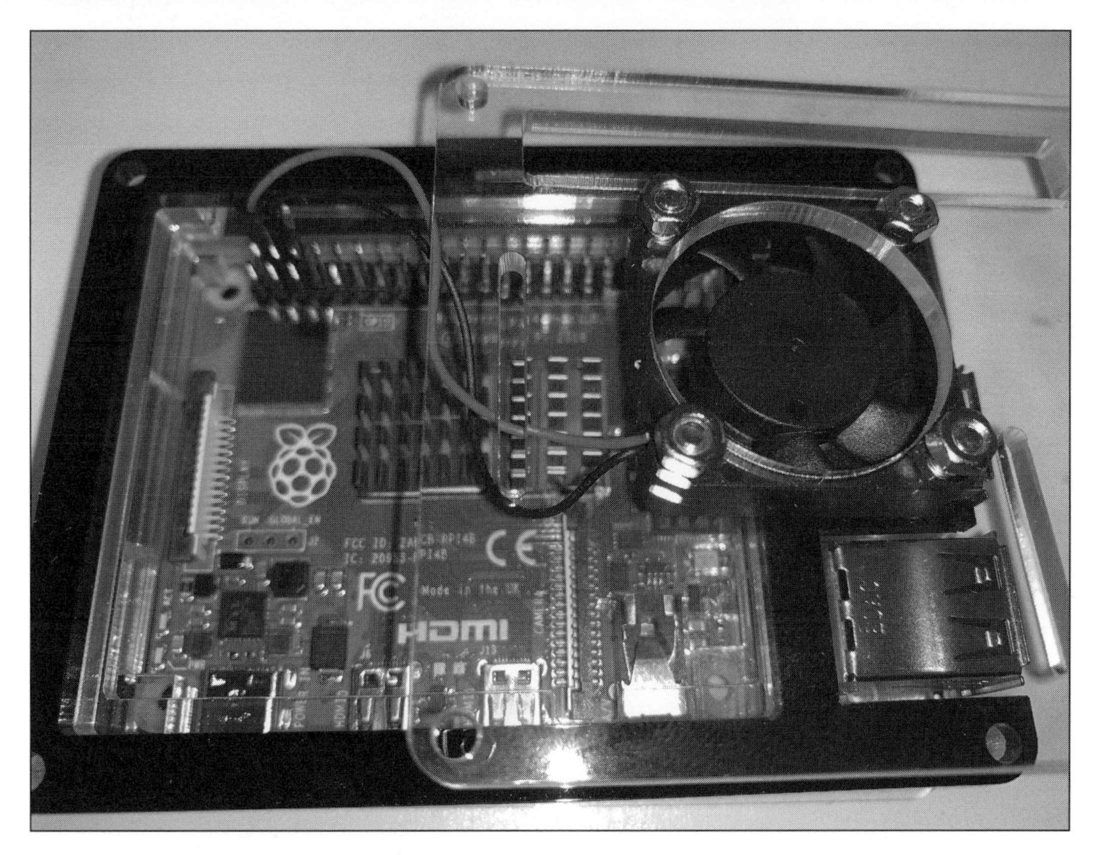

図5-3　GPIOの5V・GND端子に「空冷ファン」を接続

■ AC電源

「Raspberry Pi 4」の場合、「ACコネクタ」は「USB-C」です。
「5V」「2.5A（12.5W）」の給電ができれば、かまいません。

「Raspberry Pi 3」の場合、「micro USB」の「5V・3A（15W）」です。

専用の「ACアダプタ」も販売されていますが、近年の急速充電対応のスマホ用充電器ならば流用できるかもしれません。

＊

※基板全体の消費電力は、「CPU」「GPU」「無線（WiFi）」の使用状況によって大きく変動するため、もし高負荷になると端末がリセットする場合、電源容量が充分ではありません。

※なお、「Raspberry Pi」の基板には「電源スイッチ」が付いておらず、電源を切る際には（ソフトウェアのシャットダウン後）USB端子から給電ケーブルを引き抜くことになります。

図5-4 ACアダプタ

図5-5 USB-Cケーブルを AC電源として接続

「Raspberry Pi」では、基板以外の一式を揃えてパッケージ販売している会社もあり、米国では「CanaKit」が有名です。

CanaKitの「ACアダプタ」には「on/offスイッチ」が付いており、使い始めると利便性を実感します。

図5-6　ACアダプタとon offスイッチ

■ ディスプレイとの接続

「Raspberry Pi 4」はディスプレイ出力用に、2つのHDMIポートを実装しています。

「HDMIディスプレイ」はPCで一般的なので、「Raspberry Pi」用に新たに用意することは少ないでしょう。

ただし、いずれも「micro HDMI」ポートで、「PC用HDMIケーブル」をそのまま接続することができません。

「Micro HDMI」から通常のHDMIに変換するコネクタやケーブルが市販されているので、それを用意します。

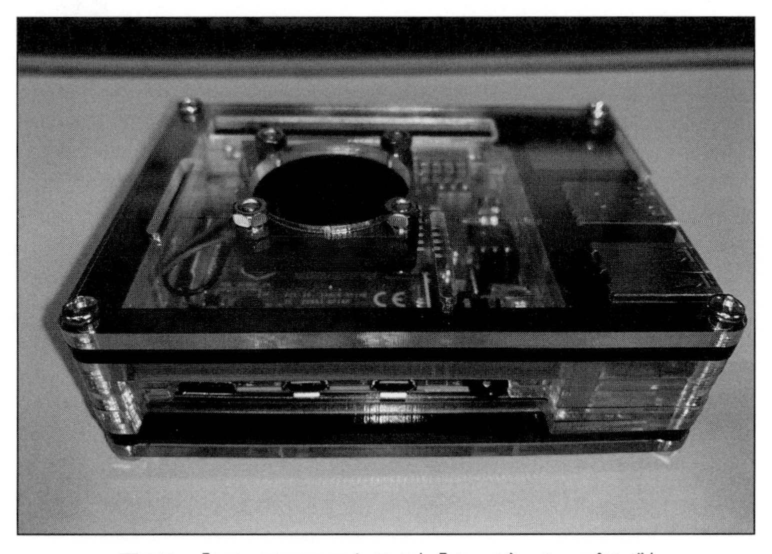

図5-7　「AC・HDMIコネクタ」、「オーディオ・プラグ」

■ SDカード

OSは、「SDカード」にOSの「インストール・イメージ」を入れ、その内容を「ブートローダ」が「Flash ROM」に書き込みます。

そのため「SDカード」は必須です。

*

逆に、「SDカード」に「OSのイメージ」すべてを入れるならば、インストール時にはネットワークにつながっていなくても(オフラインで)かまいません。

*

「Raspberry Pi 4」は「micro SDカード・スロット」を実装しています。

スマホの記憶領域拡張用としては一般的ですが、持っていなければ「micro SDカード」と「カード・リーダ」が必要です。

*

※「OSのイメージ」はインターネット上のサイトからダウンロードしてきます。

PCからイメージを落とすならば、「PC用のカード・リーダ」を購入します。

「micro SDカード」の読み書きに特化した、小型の「USB接続リーダ」が市販されています。

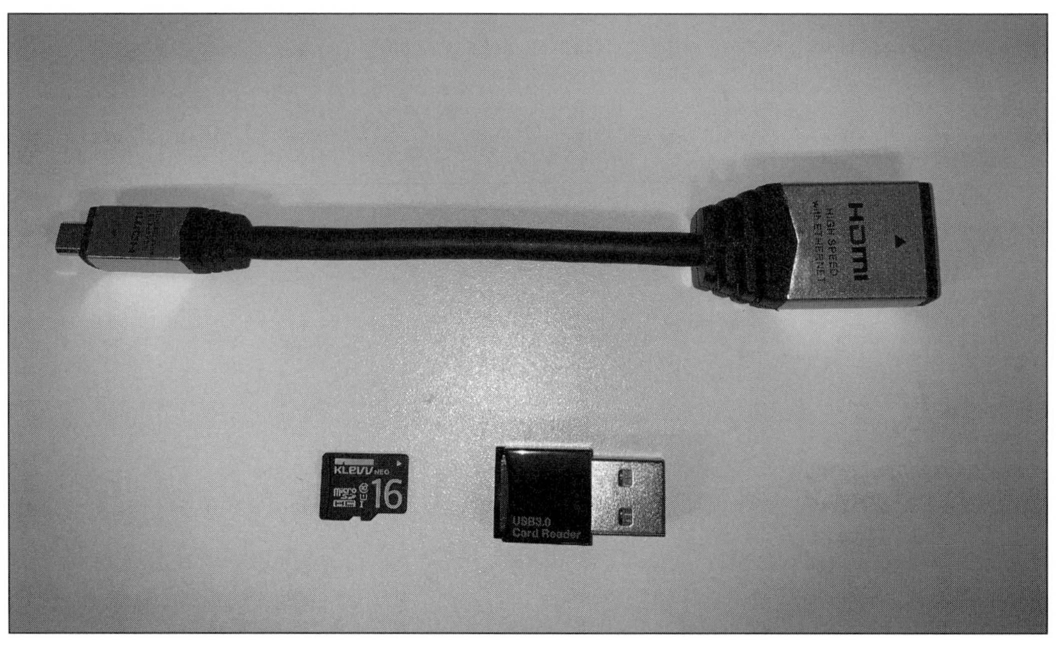

図5-8 「micro HDMI変換ケーブル」と「micro SDカード・リーダ」

図5-9 「ノートPC」に挿した「micro SDカード・リーダ」

一部キットでは、OSのイメージがすでにインストールされた「micro SD」カードが用意されています。

後述のとおり難しい手順ではありませんが、運用を始めると「基本サーバ」を介してデータのやり取りを行ない、「micro SD」の利用頻度は高くありません。
カード・リーダの出費を避けたい方は値段を見て"インストールずみ"の「micro SD」を購入するのもいいでしょう。

このように、「ケース」「ACコネクタ」「HDMI変換ケーブル」「micro SDと、最初は基板以外に細かい出費があります。

※なお、入力はキーボードとマウスですが、こちらは通常のUSB端子に接続するので、PC用のものを流用できます。

■「インストール・イメージ」のダウンロード

SDカードに収納するOSのインストール・イメージは「Raspberry Pi財団」のサイトからダウンロードします。
インストール・パッケージは定期的に更新されており、updateをしなくても通常動作するものになっています。

「Raspberry Pi」はSDカードのフォーマットとして「FAT32」を想定しているため、念のためプロパティでSDカードが「FAT32」か確認し、そうでなければフォーマットします。

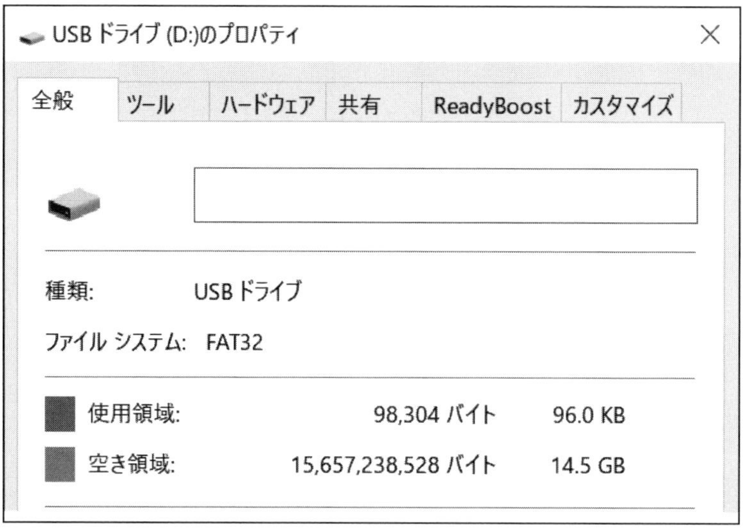

USB ドライブ (D:)のプロパティ

全般　ツール　ハードウェア　共有　ReadyBoost　カスタマイズ

種類:　USB ドライブ

ファイル システム:　FAT32

使用領域:　98,304 バイト　96.0 KB

空き領域:　15,657,238,528 バイト　14.5 GB

図5-10　SDカードが「FAT32」か確認

インストール・イメージは「NOOBS」と呼ばれています。

https://www.raspberrypi.org/downloads/noobs/

から、一式が入った「zipファイル」をダウンロードします。

パッケージは、「NOOBS」と「NOOBS Lite」の二種類です。「NOOBS Lite」は、基本的なイメージ以外をインストール中にネットからダウンロードするものですが、SDカードの容量に余裕があるならば、フルセットの「NOOBS」をダウンロードするのがいいでしょう。

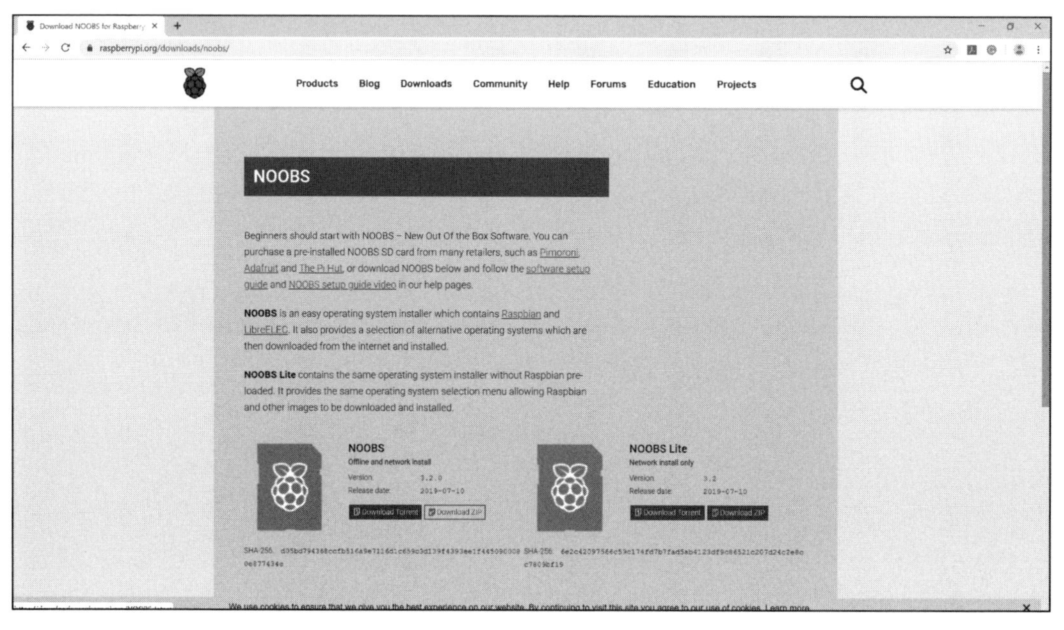

図5-11　NOOBSのダウンロード・ページ

ダウンロードが完了したら、ファイルの内容をSDカードに展開します。
特別な手順は不要で、ただファイルを置くだけでかまいません。

↑ > NOOBS_v3_2_0.zip

名前	種類	圧縮サイズ	パスワ...	サイズ	圧縮率	更新日時
defaults	ファイル フォルダー					2019/06/10 12:18
os	ファイル フォルダー					2019/07/10 16:03
overlays	ファイル フォルダー					2019/06/10 10:50
bcm2708-rpi-b.dtb	DTB ファイル	6 KB	無	23 KB	78%	2019/06/10 12:18
bcm2708-rpi-b-plus.dtb	DTB ファイル	6 KB	無	23 KB	78%	2019/06/10 12:18
bcm2708-rpi-cm.dtb	DTB ファイル	6 KB	無	23 KB	77%	2019/06/10 12:18
bcm2708-rpi-zero.dtb	DTB ファイル	6 KB	無	23 KB	77%	2019/06/10 12:18
bcm2708-rpi-zero-w.dtb	DTB ファイル	6 KB	無	24 KB	78%	2019/06/10 12:18
bcm2709-rpi-2-b.dtb	DTB ファイル	6 KB	無	24 KB	78%	2019/06/10 12:18
bcm2710-rpi-3-b.dtb	DTB ファイル	6 KB	無	26 KB	78%	2019/06/10 12:18
bcm2710-rpi-3-b-plus.dtb	DTB ファイル	6 KB	無	26 KB	78%	2019/06/10 12:18
bcm2710-rpi-cm3.dtb	DTB ファイル	6 KB	無	25 KB	78%	2019/06/10 12:18
bcm2711-rpi-4-b.dtb	DTB ファイル	9 KB	無	39 KB	79%	2019/06/10 12:18
bootcode.bin	BIN ファイル	29 KB	無	52 KB	44%	2019/06/10 12:18
BUILD-DATA	ファイル	1 KB	無	1 KB	28%	2019/06/10 12:18
INSTRUCTIONS-README.txt	text file	1 KB	無	3 KB	58%	2019/06/10 12:18
recover4.elf	ELF ファイル	431 KB	無	743 KB	43%	2019/06/10 12:18
recovery.cmdline	CMDLINE ファイル	1 KB	無	1 KB	13%	2019/06/10 12:18
recovery.elf	ELF ファイル	394 KB	無	668 KB	42%	2019/06/10 12:18
recovery.img	ディスク イメージ ファイル	2,941 KB	無	2,949 KB	1%	2019/06/10 12:18
recovery.rfs	RFS ファイル	27,548 KB	無	27,904 KB	2%	2019/06/10 12:18
RECOVERY_FILES_DO_NOT_EDIT	ファイル	0 KB	無	0 KB	0%	2019/06/10 12:18
recovery7.img	ディスク イメージ ファイル	3,097 KB	無	3,108 KB	1%	2019/06/10 12:18
recovery7l.img	ディスク イメージ ファイル	3,326 KB	無	3,343 KB	1%	2019/06/10 12:18
riscos-boot.bin	BIN ファイル	1 KB	無	10 KB	99%	2019/06/10 12:18

図5-12 「NOOBS_v3_2_0 zip」ファイルの中身

5-2 「Raspberry Pi」のセットアップ

それでは、「Raspberry Pi」に"火"を入れていきます。

■ 「Raspberry Pi」をつなぐ

まずは機材をつないでいきます。

[手順]

[1] ケースに入れ、「冷却ファン」をGPIOポートに接続。

[2] HDMIケーブルをHDMIポートに、キーボードとマウスをUSBポートに接続。

[3] 「SDカード・スロット」は背面にあるため、裏返してSDカードを挿す。

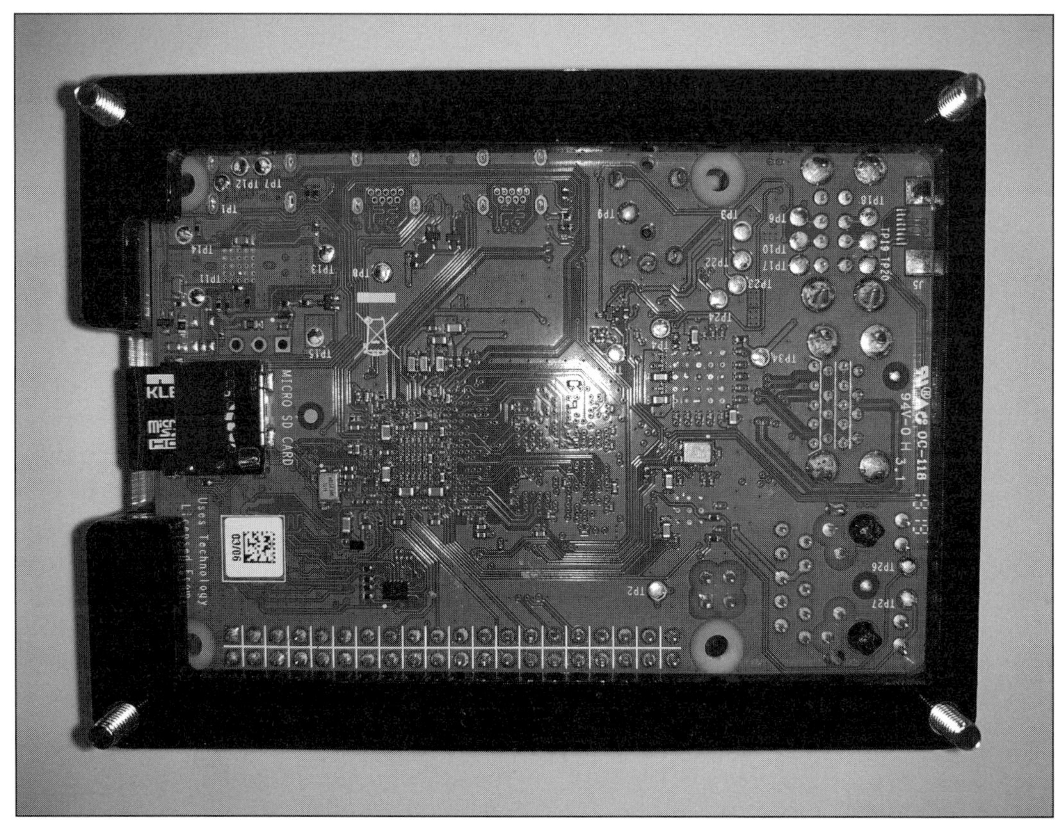

図5-13 micro SDカード・コネクタは背面

[4] 最後に「USBコネクタ」に「ACケーブル」をつなぐ。

基板上の「赤LED」が点き、ケースの「冷却ファン」が回れば、大丈夫でしょう。

■ OSのインストール

電源をつないで数秒待つと、ディスプレイにインストーラ画面が表示されます。

ここまでくれば、まず本体の動作に問題はありません。
卓上で入力操作をしやすいように、本体を奥にしまってもかまわないでしょう。

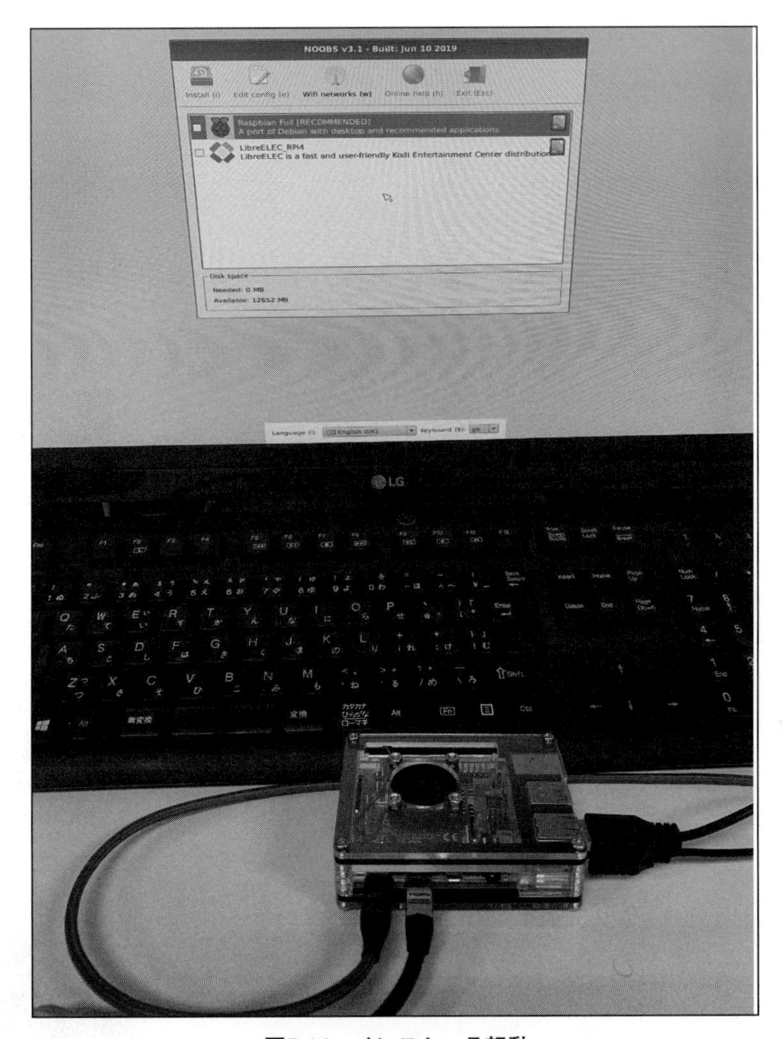

図5-14 インストーラ起動

インストール画面では、「Raspberry Pi」標準のOS「Raspbian」以外もインストール可能ですが、通常の開発・実験が目的ならば「Raspbian」を選択するのがいいでしょう。

＊

インストーラ画面最下部には使用言語のメニューがあります。
「日本語」を選択すると、キーボードが日本語配列として正しく認識されます。

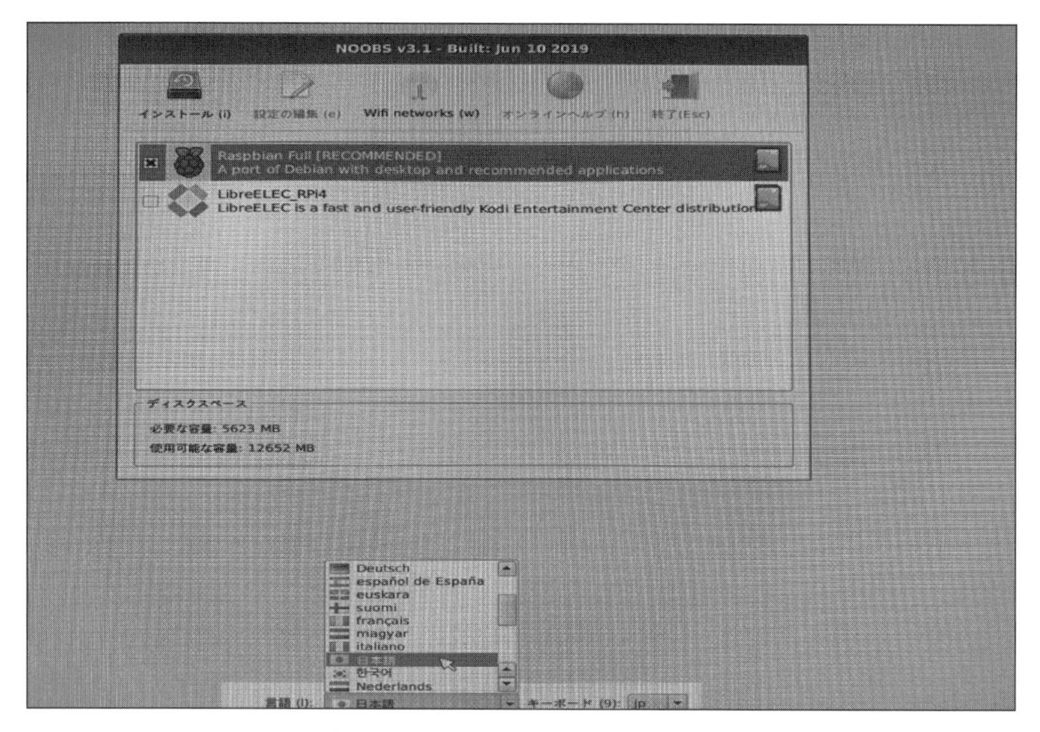

図5-15　インストーラの選択メニュー

インストール中、RaspbianがLinux「Debian」ディストリビューションを元にしていること、多彩なアプリがプリインストールされることが画面上でアナウンスされます。10分程度でインストールが終わります。

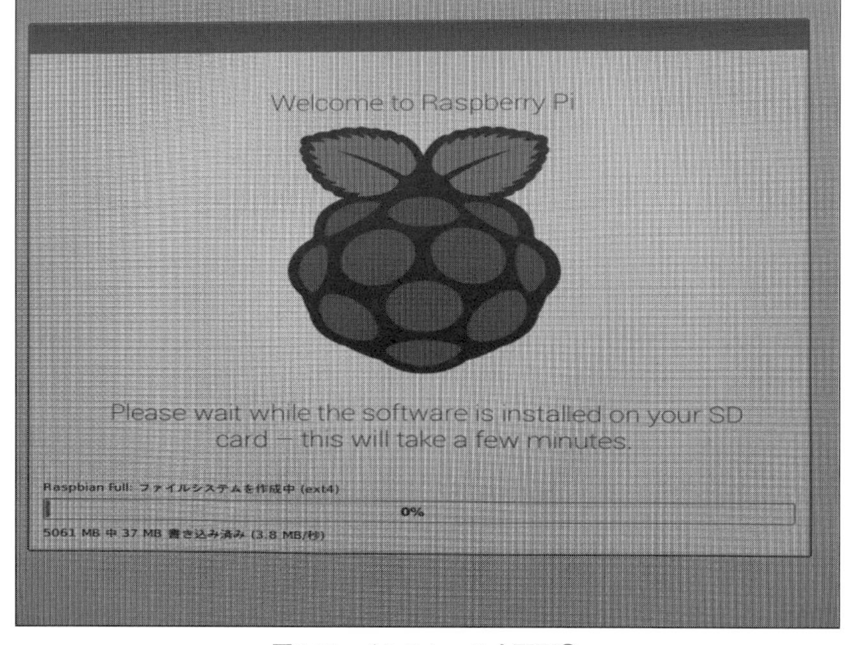

図5-16　インストール中画面①

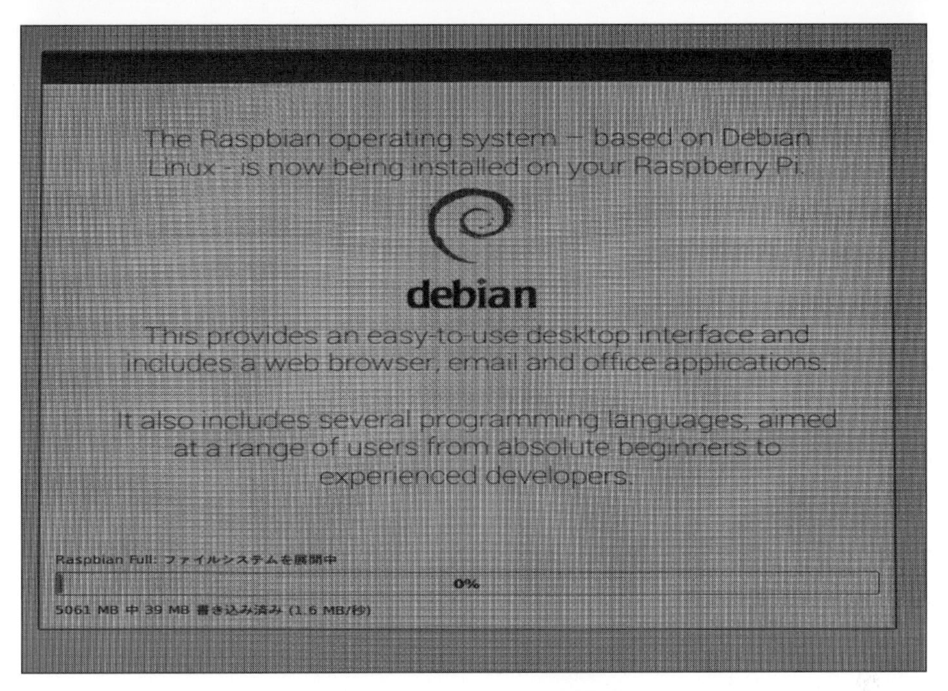

図5-17　インストール中画面②

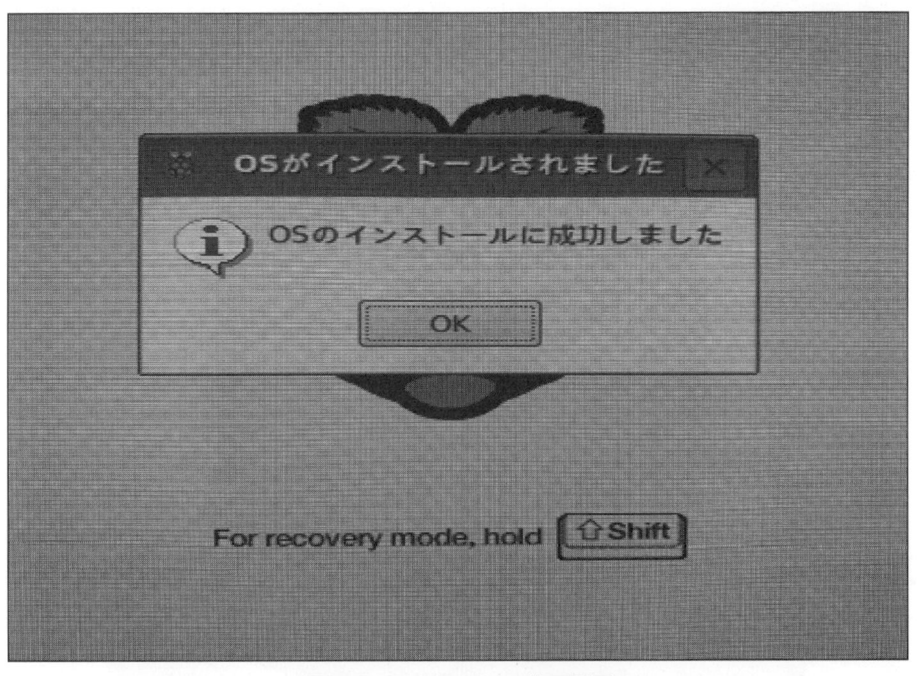

図5-18　インストール終了画面

■ 起動～終了

インストールが終わると、すぐに「Debian」の立派な「GUI」が現われ、Linux環境が立ち上がったことを実感します。

図5-19 インストール直後

5-3 OSやソフトウェアの設定

OSのセットアップが終わったら、次は環境設定をしていきます。

■「言語・地域」「パスワード」「Wi-Fi」の設定

ここで続けて、使用言語・地域、パスワード、WiFiを順に設定します。

図5-20 使用言語・地域の設定

もし有線LANかWiFiが有効ならば、各アプリのアップデートが始まります。そうでなければインストールは終了です。

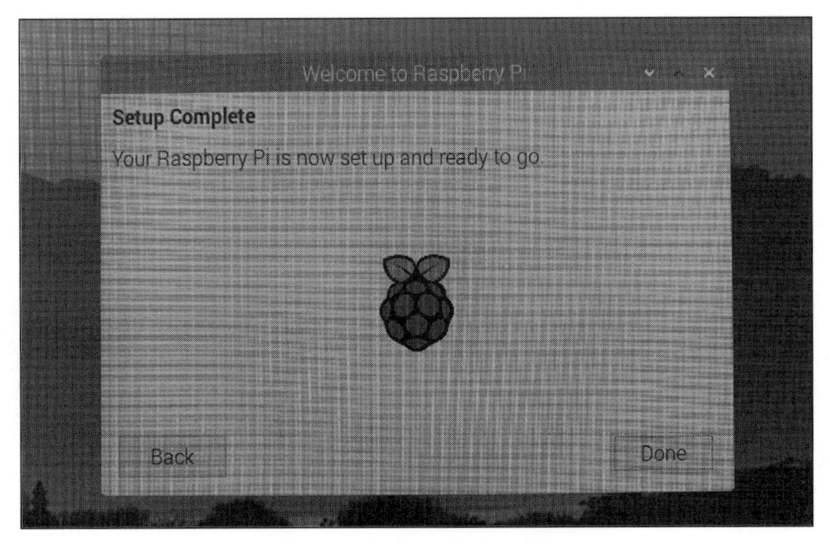

図5-21　セットアップの終了画面

なお、「password」の設定は行ないましたが、電源投入後は特に「password」の入力もなくGUI画面に移行するため、「スイッチオンPC」として使うことができます。

終了時は、画面左上のメニューから「シャットダウン」を選択すると、電源offか再起動を選択することができます。

ただし、電源off後も基板上の赤LEDは点灯しています。

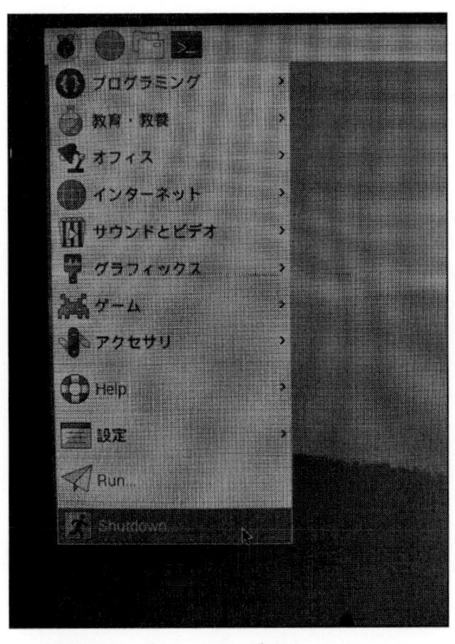

図5-22　シャットダウンメニュー

■ プリインストール・アプリ

最初から各種プログラミング環境、Chromiumブラウザ、LibreOffice他がインストールされています。すぐに作業を始めることができます。

日本語を選択してインストールすると、メニューも日本語になります。

たとえば、メニューからブラウザを立ち上げ、工学社のサイトhttp://www.kohgakusha.co.jp/にアクセスすると、日本語のページが問題なく表示されています。

図5-23 日本語のメニューからChromiumブラウザを選択

図5-24 工学社ホームページ

■「日本語入力FEP」のインストール

一見、日本語環境の構築は終わっているようですが、アプリの利用中に[Alt]-[漢字]キーを押しても日本語入力モードになりません。

これはインストール時に「フォント」のみが入っており、「日本語入力FEP」はインストールされていないためです。

Linux向けには、さまざまなFEPが用意されていますが、ここではGoogleがLinux向けに提供しているFEPエンジンである、「Mozc」を使うことにします。

*

インストールはコマンドラインからコマンドを入力するだけですが、起動時はGUI画面になっているため、そのままでは入力できません。

メニューからDOSプロンプトに相当する(疑似)terminalソフト「LXTerminal」を立ち上げます。

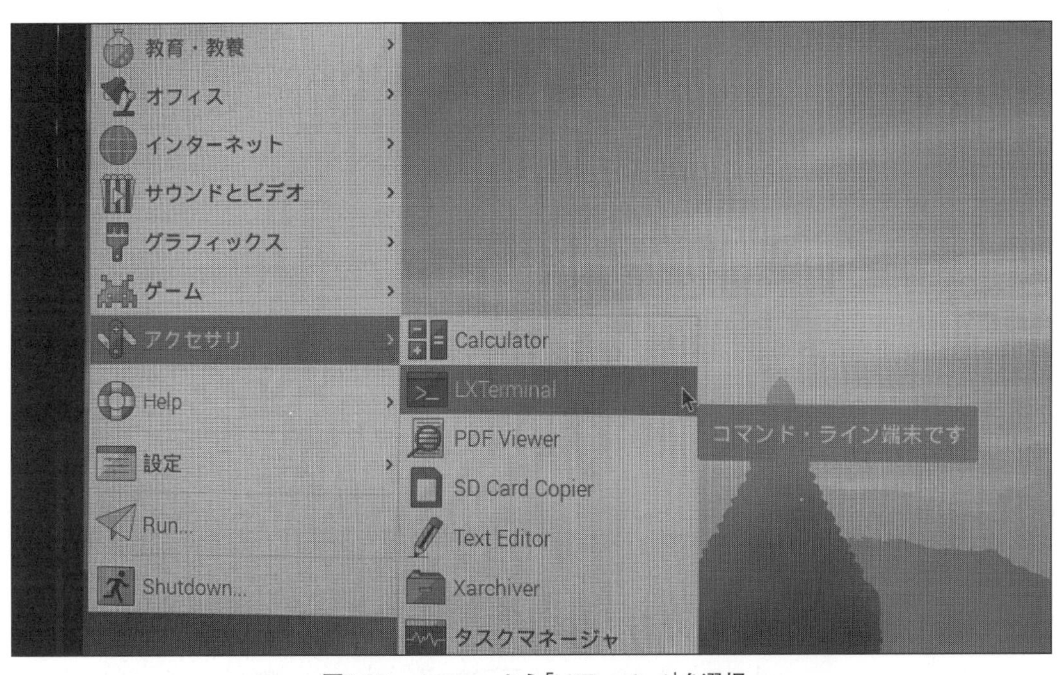

図5-25 メニューから「LXTerminal」を選択

「LXTerminal」画面内で以下のコマンドを順に入力します。

```
sudo apt-get update
sudo apt-get install fcitx-mozc
exit
```

図5-26 「sudo apt-get」の実行

▼ネットワークから必要なイメージがダウンロードされます。インストールが終わったら再起動します。

この段階ではFEP変換エンジンの「Mozc」がインストールされただけです。「Mozc」をキー入力につなげる必要があります。

▼Linuxでは、FEPのユーザー・インターフェイス部分もいくつかのソリューションがリリースされていますが、Raspbianには「Fcitx」が組み込まれているので、ここにMozcを認識させます。

▼メニューから「設定 – Fcitx設定」で設定画面が現われます。

図5-27 「Fcitx」の呼び出し

ここで「入力メソッド」としてMozc、「入力メソッドのオンオフ」として「Super+Zenkakuhankaku」(Windowsキー＋漢字の意味)を設定します。

キーの設定方法は、実際に有効にしたいキーを押下して、設定メニューに検出させます。

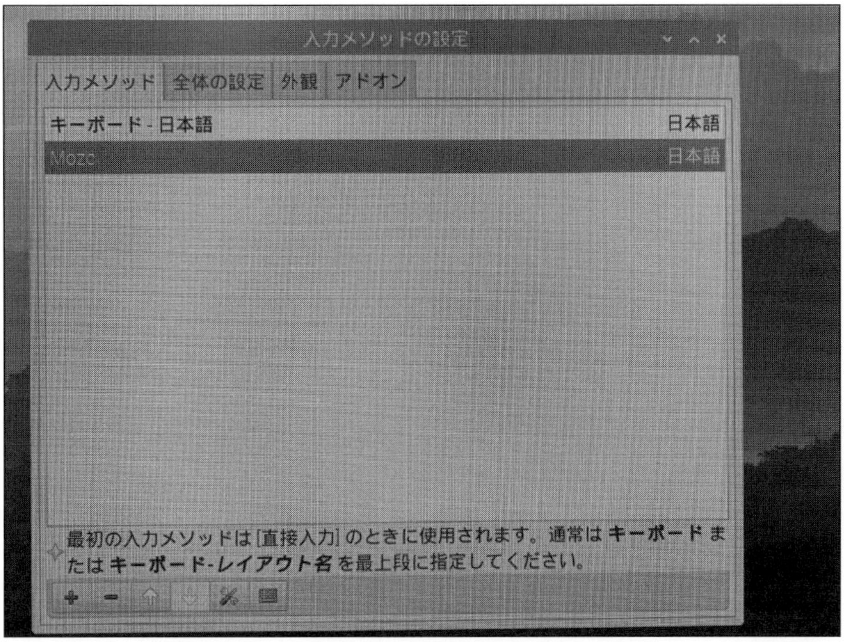

図5-28　「Mozc」の選択

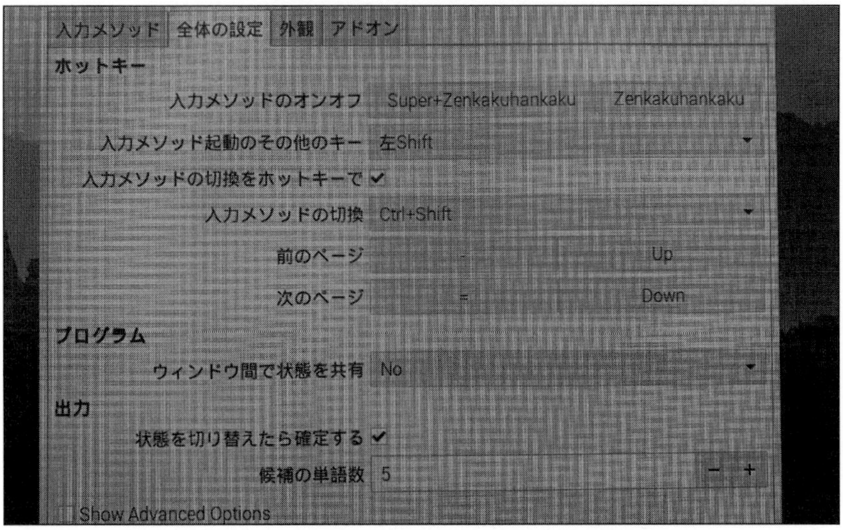

図5-29　起動キーの設定

■ さまざまなアイデアを実現するプラットフォーム

最初に必要なパーツを揃えてしまえば、セットアップは順調に進み、さしあたり動作するLinuxマシンが出来上がります。

ここからLinuxに慣れながら、周辺機器の接続や機能拡張をしていくことができます。

「Raspberry Pi」の基板上には「カメラ」および「タッチ・ディスプレイ」を接続可能な専用のコネクタが用意されています。

他に、汎用的に制御可能な「GPIO」のピンもあります。

さまざまなアイデアを実現するプラットフォームとして利用することができるでしょう。

図5-30　Raspberry Pi 4

第6章

コミュニケーション・ロボット「ベゼリー」で遊ぶ

■豊田　淳

「ベゼリー（ラズパイ基本キット）」は、「Raspberry Pi」と接続することで、簡単に「小型コミュニケーション・ロボット」を作ることができるキットです。

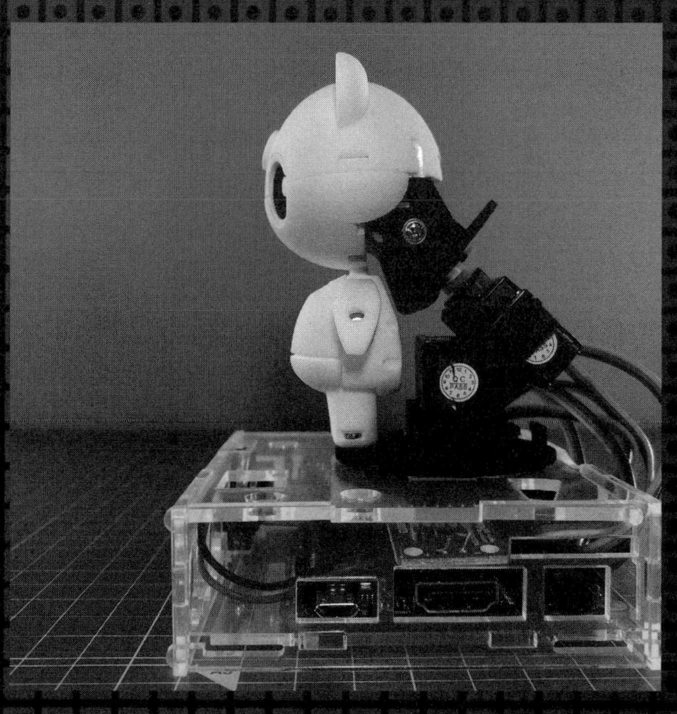

ちっちゃいロボット「ベゼリー」

6-1 「ベゼリー」とは

小型コミュニケーション・ロボット「ベゼリー」を紹介します。

■「ベゼリー」の特徴

「ベゼリー」の特徴は、なんと言っても“ちっちゃい”ことです。

＊

3つの「サーボ・モータ」で「首」の根っこを振り回す仕組みなので、「身長」はわずか8センチ。「腕」は磁石の反発でブラブラしているだけですが、体全体を動かして感情を表現します。

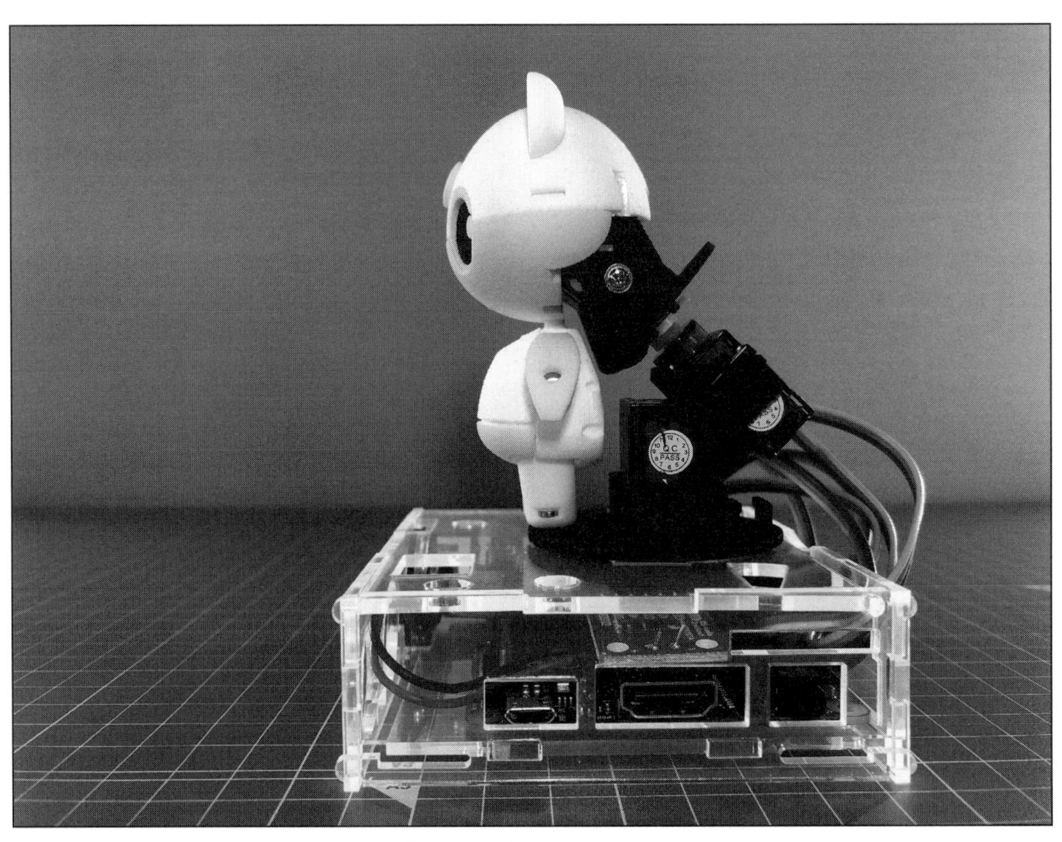

図6-1　「ベゼリー」独自の首吊り機構？！

■「ベゼリー」の本体

「ベゼリー」の本体は、パーツを“パチパチ”と組み合わせて、最後に「プラス・ドライバー」で固定するだけで、完成します。

＊

小さな「ネオジム磁石」を組み込みますが、なくしやすいので、要注意です。

図6-2　左が「ボディ」、右が「スタンド」のパーツ

「ベゼリー」の本体は「白色」ですが、ナイロン素材で作られているので、「水性マーカー」などで簡単に着色することができます。

図6-3　「メイカーフェア東京2019」で展示した「7色ベゼリー」

「頭部」に「ラズパイ専用カメラ」を内蔵すれば、画像認識させたり、自動的に写真を撮ったり、「遠隔カメラ」にしたり…と、応用範囲が広がります。

図6-4　額の穴にカメラが入っています（お腹のカメラは飾り）

人は不思議なもので、監視カメラは警戒しますが、ロボットの「目」に対しては進んで顔を向けてくれたりします。

くれぐれもプライバシーにはご配慮ください。

6-2　「ベゼリー」まわり

「ベゼリー」を「乗せる台」や「基板」、「活用法」などを紹介します。

■「ベゼリー」の台

「ベゼリー」の台になる「BezeBox」は、透明アクリルで作られており、“パチンパチン”とはめ込むだけで組み立てることができます。

図6-5 「ベゼリー」の台「BezeBox」

「BezeBox」は「ラズパイ3」や「4」対応ですが、背面端子が箱外に露出してしまいます。

やはりコンパクトな「ラズパイZero」や、最新の「ラズパイ3 model A+」を使うのがよいでしょう。

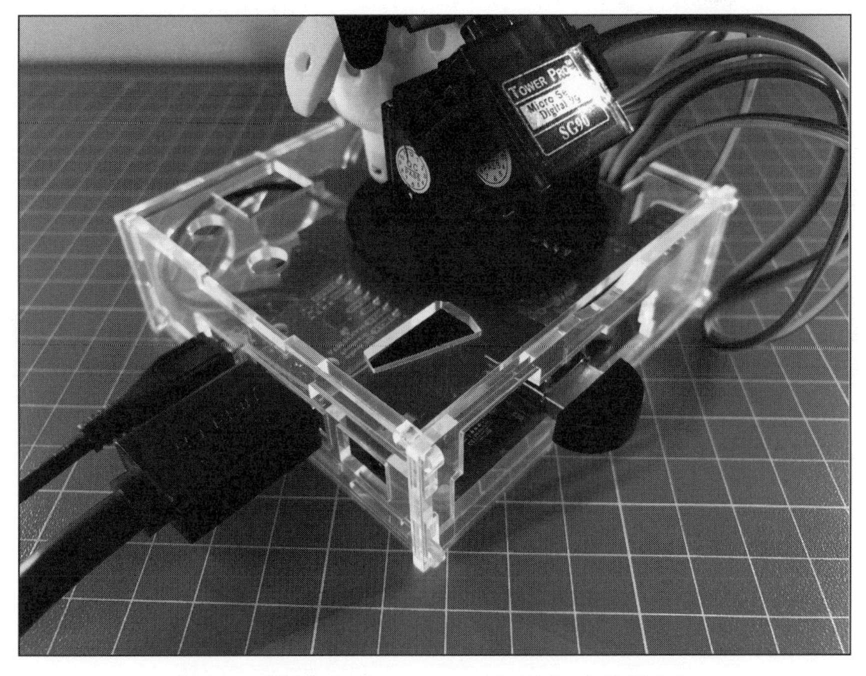

図6-6 「ラズパイ3 model A+」ならピッタリ収まる

■「ベゼリー」の基板

「ベゼリー」と「ラズパイ」は専用基板「BezeBoard」を介して接続します。

「BezeBoard」には「サーボドライバーボード」「スピーカー用アンプ」のほか、「スイッチ」「LED」「超音波距離センサ」も接続できます。

さらに「ADコンバーター」をハンダ付けすれば、ラズパイが不得意なアナログ入力も可能になり、「照度センサ」「ジョイスティック」「ボリューム」なども接続できるようになります。

図6-7　「ベゼリー」専用基板「BezeBoard」

■「ベゼリー」の活用法

「ベゼリー」には10種以上のサンプル・プログラムが提供されています。

そのため、これらを「git」から入手するだけで、「言葉」（音声）や「顔」（画像）などの入力情報をもとに、喋ったり動いたりする「コミュニケーション・ロボット」の基本機能が試せます。

図6-8　小さいので、置き場所もさまざま

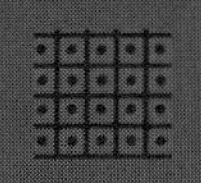

ひととおり「サンプル・プログラム」を楽しんだら、ぜひ自分だけのロボット作りに挑戦してみてください。

図6-9　ベゼリー公式ページ
http://bezelie.com/flitz/

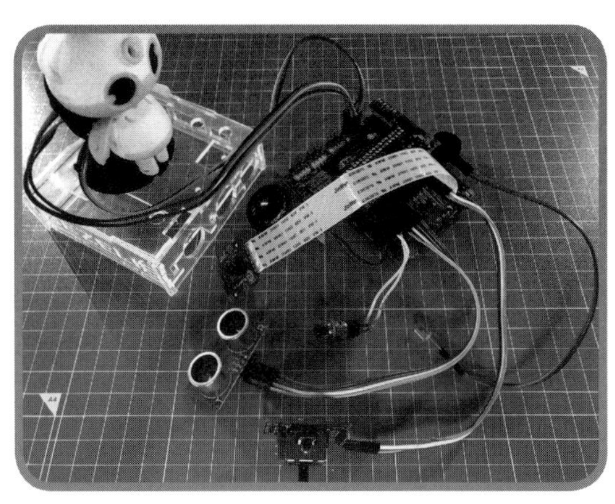

Raspberry Pi と組み合わせる

第7章

「電子工作」を安くするための工夫

■ 神田民太郎

「電子工作」は、ソフトウェアの開発とは異なり、作るためのパーツを必ず購入しなければなりません。安く調達することはもちろんですが、その他にも「電子工作」を行なう上で、(A)「財布に優しい」方法と、(B)「完成のクオリティを上げる」方法が、いろいろあるので紹介します。

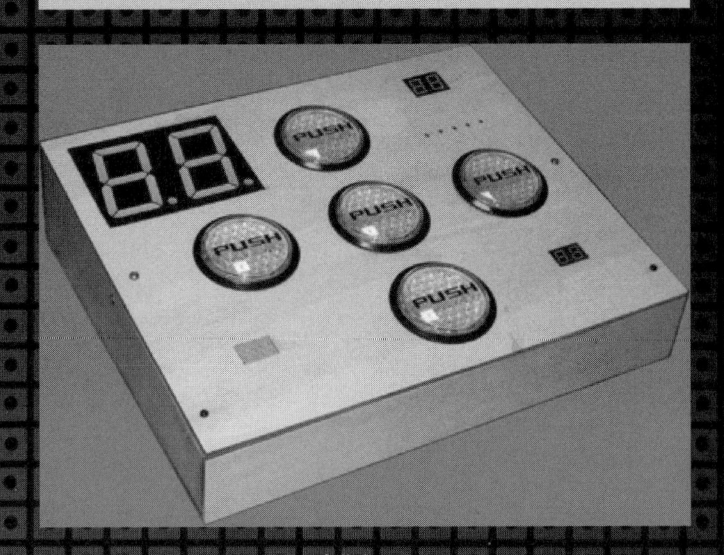

自作ケース

7-1　パーツ調達の工夫

パーツを集めるためのテクニックを紹介します。

＊

電子工作は、自分がイメージしたものを作れる楽しさもあって、趣味にする人が増えてきました。

また、手軽に使える「マイコン・ボード」や、ハンダ付けをしなくても回路が作れる「ブレッド・ボード」などの普及もあって、とりあえず始めてみる、という人の負担も軽くなりました。

しかし、電子工作をするには、必要な部品を購入しなくてはいけません。

図7-1　パーツケース
（アイリスオーヤマ製）

同じパーツでも、販売している店によって価格は異なるので、単純に「安い店で購入する」ということは、言うまでもありません。

秋葉原近辺に住んでいる人はほとんどいませんから、秋葉原で購入する場合は、パーツ代金以外にも交通費や通販ならば送料もかかります。

秋葉原以外の街でもパーツ屋がある場合は、そこで調達する方法もありますが、たいてい秋葉原よりも高くなる場合がほとんどですから、パーツを購入する際は、

よく使う部品は、秋葉原の通信販売で多めに購入してストックしておく

ということが重要です。

「秋月電子」では、11000円以上の購入では、送料が無料になるので、その額を超える場合は、秋葉原に買いに行くよりもお得ですし、楽です。

私は、写真のように多くの部品を「ストック」しておき、必要なときは、わざわざ購入しなくても、たいていのものは即製作することができるようにしてあります。

よく使う「抵抗」や「LED」などは、100個売りのものが安いので、数個単位で買うよりもお得です。

7-2　回路を作る方法

電子工作をする場合、必要なパーツを結線する必要があります。
日曜電子工作で考えれば、3つの方法があります。

図7-2　左から「ブレッド・ボード」、「ユニバーサル基板」、「プリント基板」

■ ブレッド・ボード

1つ目は、**「ブレッド・ボード」を使って必要部品を配置し、ワイヤーで結線していく方法**です。

これは、ハンダ付けを必要としませんから、手軽であることは間違いありません。

しかし、手軽であるがゆえに、「誤配線」や、「抵抗リード」の接触による「ショート」などのトラブルも珍しくありません。

また、部品点数がある程度多くなると、結線用のワイヤーで雑草が生い茂ったような状態になり、回路が正しく作られているのかどうかも検証しにくくなります。

価格は、写真のような小さなものでは、「秋月電子」で130円と決して高いものではありません。

■ ユニバーサル基板

2つ目は、**「ユニバーサル基板」にパーツを配置して、ハンダ付けで作っていく方法**です。

価格は、大きさによって変わりますが、写真のような片面のものは、「72mm×47mm」で60円程度です。

当然、ある程度のハンダ付けの技能は必要になります。

また、部品同士の結線には、「ホルマル線」などを使って行なうので、基板裏はそれなりにごちゃごちゃしてくることは避けられません。

■ プリント基板

それを避けるためには、3つ目の方法として、**「プリント基板」を作る方法**があります。

自前で作ることもできますが、「エッチング作業」や「廃液の処理」、「穴あけ」など、これはこれで大変な作業です。

同じ基板を複数枚必要とするのであれば、プリント基板製作会社に外注するといいでしょう。

注文するには、回路パターンを入力する専用の「CAD」を使って「回路データ」を作り、「ガーバデータ」と呼ばれるファイルをメールに添付して基板作成会社に送ります。

これは決して安いとは言えませんが、何年か前に比べれば驚くほど安く作ることができます。

最近、私が注文した例では、約5.7ｃｍ四方の両面基板で80円(50枚注文単価)程度でした。

7-3 「ICソケット」を使うか、使わないか

パーツを基板に取り付ける作業に置いても、部品点数を減らすことができます。

＊

「マイコン・ボード」や「ブレッド・ボード」を使わずに「ユニバーサル基板」で回路を組む場合、「マイコン」や「TTL」(C-MOSを含むロジックIC)などの「IC」の実装に、「写真のように基板に直付けする」か、それとも、「抜き差しが可能なように、"ICソケット"を使う」かを選べます。

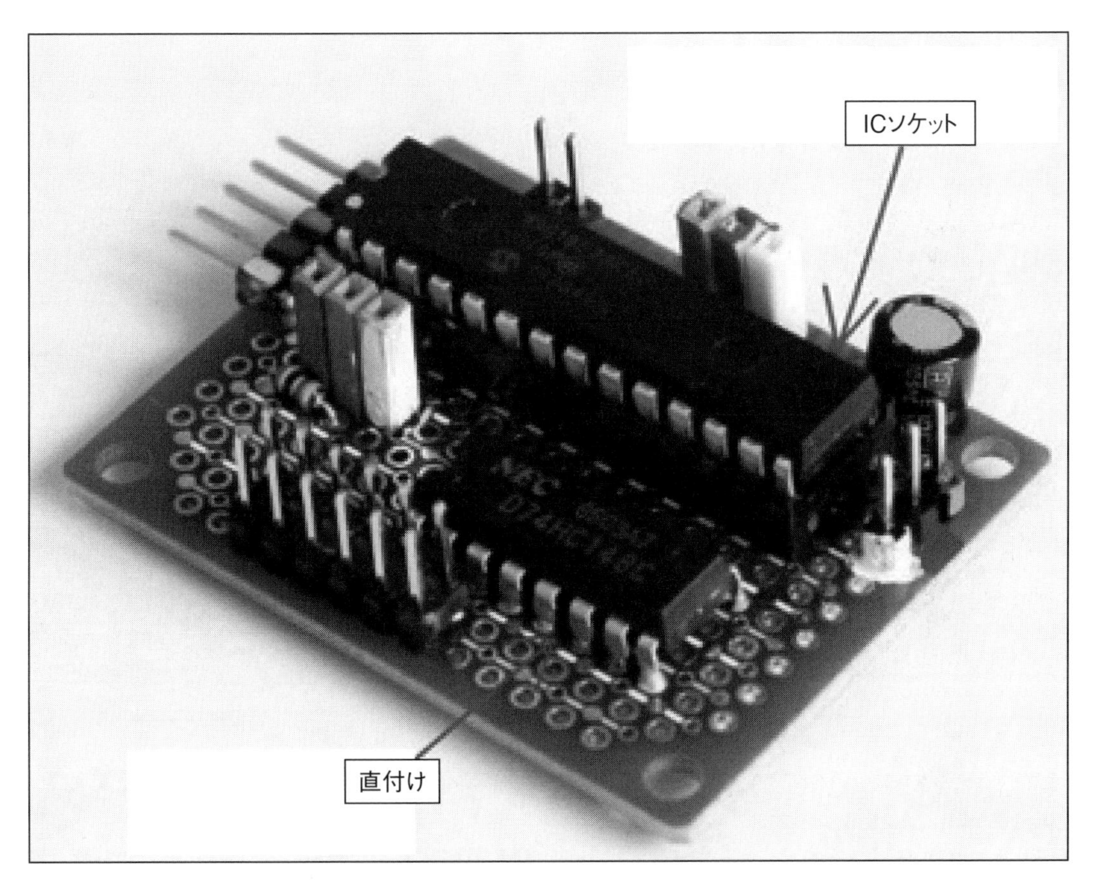

図7-3 「ICソケット」を使うか、「直付け」するか

以前は、マイコンの書き込みには、マイコンIC本体を、プログラムを書き込むための「Writer」にセットし、書き込みが終わったものを目的の基板に実装していたので、「ICソケット」は必須でした。

しかし、最近では「PICKit3」などを使って最終的な回路基板にマイコンを実装した状態でもプログラムを書き込むことができるため、「ICソケット」は必須ではなくなりました。

「ICソケット」は、高価なものではありませんが、10円～80円ぐらいはするので、とにかく安く作りたいというときは、省けるに越したことはありません。

それでも、私の場合は、**マイコンに限っては、「ICソケット」を使う**ことにしています。

理由は、たとえば「PIC」の場合であれば、「ピン配置・機能」などが同じで「メモリ容量」などの違いで、異なる型番の「PIC」が存在しているため、差し替えて試すことができるからです。

＊

以前作ったもので、コンパイルして書き込みを行おうとすると、プログラム容量がオーバーして使えない、ということがありました。

しかし、すかさず、「メモリ容量」が2倍ある別の「PIC」に置き換えて使うことができました。

マイコン以外では、「ロジックIC」や「トランジスタアレイ」などを使うことがありますが、これについては、直付けもいいと思います。

ただ、「ICソケット」を付けておけば、万が一そのパーツで不具合が生じても、簡単に交換可能です。

基本ロジック用の「TTL」などは、単価が30円程度ですから、「ICソケット」のほうが同等か高くなってしまうこともあります。

7-4 「ワンボード・マイコン」と「単品マイコン」

マイコンを作った電子工作の場合は、「Arduino」や「Raspberry Pi」などの「ワンボード・マイコン」を使うか、「PIC」などのチップ単体から作っていくかの選択になります。

＊

主な特徴を表にすると以下の**表7-1**のようになります。

表7-1で分かるように、「ワンボード・マイコン」は、金額は高いものの、周辺に取り付ける「センサ」や「液晶モジュール」などが充実しており、また、それを駆動するための「ソフトウェア」の例を解説した本なども充実しています。

表7-1 ワンボード・マイコンの主な特徴

	ワンボード・マイコン(Arduino)	ワンボード・マイコン(Raspberry Pi)	単品マイコン(PIC)
価格	2700円程度～	4800円程度～	45円～1200円程度
パソコンとの接続	USB	USB	PICKit3などを介しUSB
プログラム言語	Cライクの Arduino 言語	C、python など	C言語、アッセンブラ
ボード大きさ	75mm×54mm など	90mm×56mm65mm×56mm など	任意(20mm×20mm程度も可)
追加完成モジュール	シールド(多数)	あり	ほとんどなし
専用ケース	あり	多少あり	なし
解説本	あり	あり	あり

*

比較的、高度な処理をしたいときには、目的の達成が容易な場合もあります。

しかし、学習用途は別として、極端な例ですが、「1個のLEDを点滅させるだけ」のような目的だけでは、もったいないということになります。

*

また、「基本ボード」は、サイズがある程度大きなものになるので、たとえば、「機能は簡単なので、3cm×2cmの基板で作りたい」というようなときには使えません。

そのような「ワンボード・マイコン」に比べ、「マイコンチップ」単体の「PIC」などは、何と言っても、価格が安いということがあります。

もちろん「マイコンチップ」だけの価格ですから、当然なのですが、目的さえ合えば、安く、小さく作ることができます。

しかし、「ワンボード・マイコン」のように、完成されたさまざまな「完成モジュール」は用意されていないので、すべて一から自分で設計して、回路も組まなくてはいけません。

回路だけではなく、「ソフトウェア」についても、ほとんど自前で作る必要があります。

そのため、自分の目的を達成するためには、それなりの経験や知識が必要となります。

7-5 ケースは重要

電子工作というと、「電子回路」や「プログラム」にだけ目がいきがちですが、同様に重要なのが、「電子回路」や「マイコン・ボード」を入れるための「ケース」です。

＊

「ケース」に入れなくても、「回路基板」や「マイコン・ボード」だけで機能しますが、基板の裏側でショートが起きたりトラブルの原因になったりすることも珍しくありません。

なので、なるべく、しっかりしたケースに入れるようにすることをお勧めします。

＊

「ケース」は、市販のものもありますが、意外に別の製品についてきた入れ物がぴったりと、はまったりする場合もあります。

即、購入すると考えずに、身の回りで使えそうなものを探してみるといいかもしれません。

たとえば、「IchigoJum」のボードを「iPod－nano」のケースに入れるなどが、よい例です。

図7-4 「iPod-nano」のケースを利用した例

市販品の「ケース」を使う場合は、製作した「ボード」がうまく収まる「ケース」を探すことになりますが、「ケース」を使う目的は、「基板の外に実装するパーツを操作性良く配置する」ということもあります。

「スイッチ」や「ボリューム」、「センサ」、「スピーカー」、「7セグLED」など、用途によってさまざまなものがあります。

特に「スピーカー」などは、裸で鳴らすのと、密閉ケースに入れて鳴らしたのでは、天と地ほど音質が違います。
また、「センサ」なども、「ケース」に実装し、適正に配置しないと期待どおりの性能を発揮してくれない場合もあります。

「市販のケース」を選ぶときに悩むのが、「大きさや形状が目的にぴったり合わない」ということがしばしばあることです。

「ケース」の金額がそれなりにかさむということで、全体の製作予算がオーバーしてしまうということもあるのですが、それよりも、「ぴったりのものが見つからない」ことのほうが問題になるのではないでしょうか。

そのようなときは、「ケース」を自作するという方法があります。

ここまでやる人はあまりいないかもしれませんが、やってみるとコストもぐんと安くすみますし、何よりも目的にぴったりはまるものにでき、見栄えもよくなります。

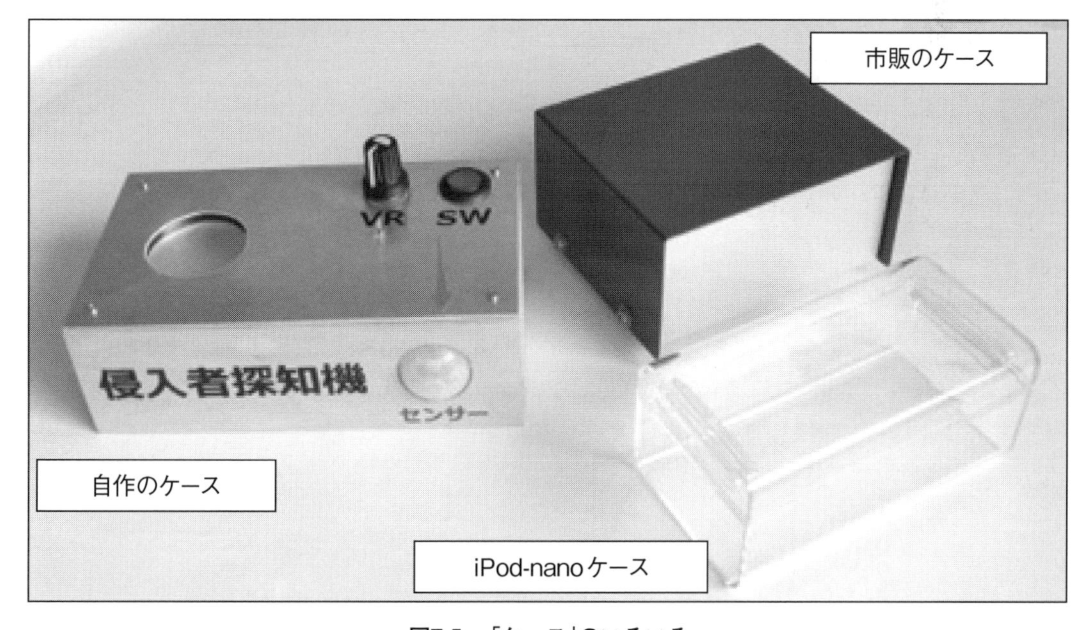

図7-5　「ケース」のいろいろ

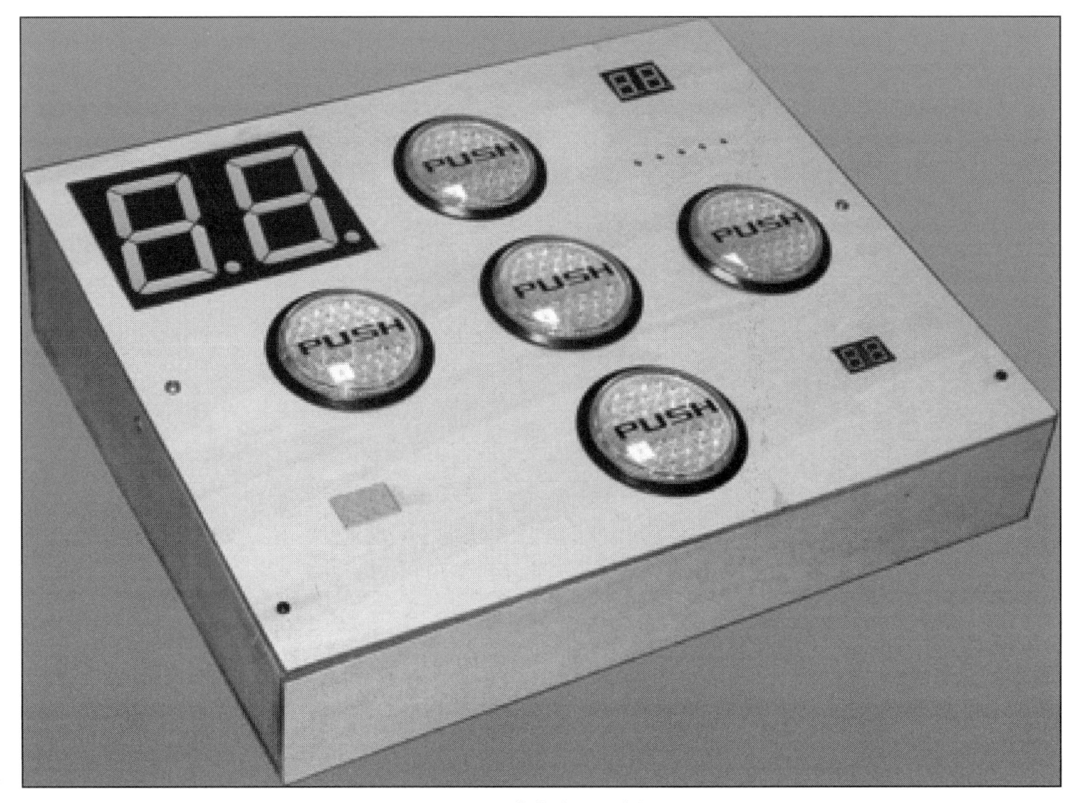

図7-6　自作ケース例

「ケース」を自作するときの材料としては、**「アルミ板」**や**「木材板」**が一般的です。

「アルミ板」は金属ですが、鉄とは異なり、錆びることもなく、また金属の中では比較的加工しやすいもので、「金のこ」があれば、それほど苦労せずに手で切断することができます。

金属が加工しにくいという人は、3mmの「シナ合板」がお勧めです。

ホームセンターで安価で購入することができます。

「シナ合板」以外にも、「ラワン合板」などがありますが、「シナ合板」は塗装をしなくてもある程度見栄えがするので、「ケース」としての仕上がりはよいものになります。

また、「シナベニア板」の厚さは4mmのものが一般的ですが、3㎜のものが薄くてある程度強度もあり、扱いやすく、板厚を考慮した設計もしやすいです。

「ケース」の形状を作るには、板を貼り合わせて箱を作っていくことが一般的ですが、板と板の接合は、5分硬化型の「エポキシ接着剤」を使うのがよいでしょう。

「木工ボンド」でもよいのですが、5分硬化型の「エポキシ接着剤」のほうが、硬化時間が速いので作業性がよくなります。

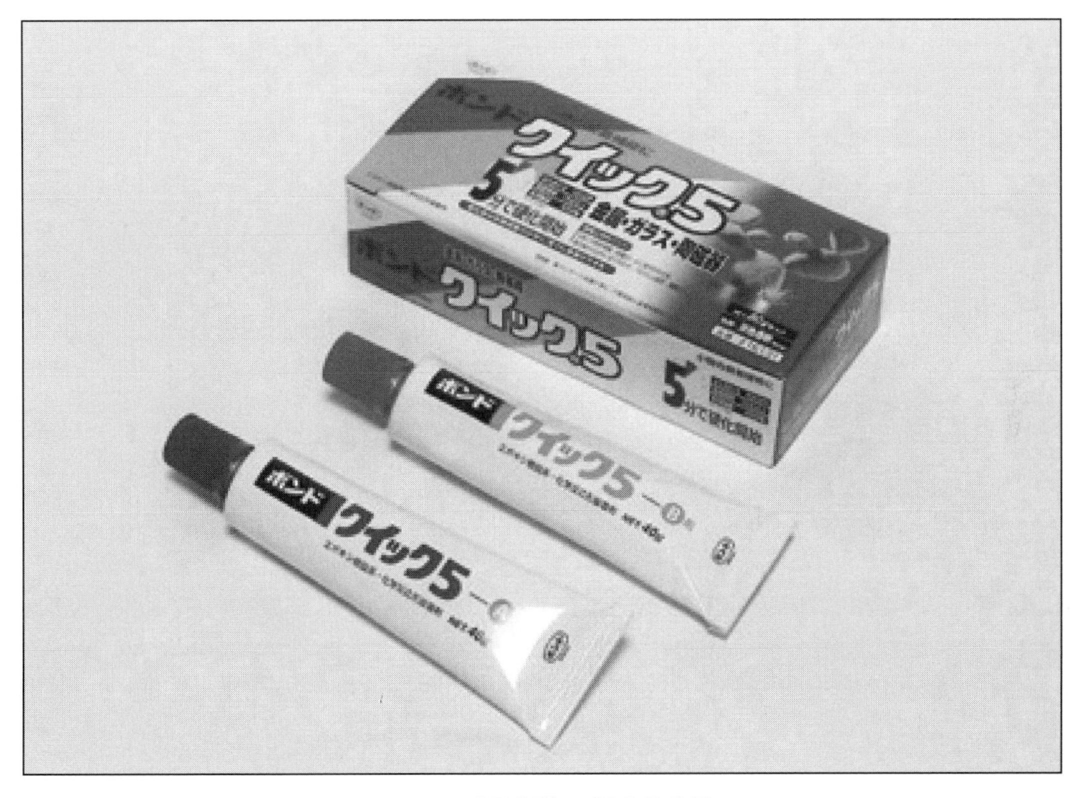

図7-7　5分硬化型エポキシ接着剤

「ケース」を自作して、全体のコストを抑えながら、完成した電子工作品のクオリティを上げてみてはいかがでしょうか。

第8章

液晶付きマイコン「Wio Terminal」

■ 大澤文孝

Seeed社の液晶付きマイコン「Wio Terminal」。この製品の特徴やどんなことができるのかを紹介します。

Wio Terminal

8-1 「Wio Terminal」とは

「Wio Terminal」（ワイオー・ターミナル）は、Seeed社が開発した、液晶付きマイコンです。

＊

右下には、十字のキーがあり、「上下左右＋押し込み」の5入力できます。

側面には3つの押しボタンが付いています（**図8-1**、**図8-2**）。

マイコン部分は「ARM Cortex-M4F」を採用。Wi-Fiは5GHzにも対応しています。

主なスペックを**表8-1**に示します。

表8-1　Wio Terminalの主なスペック

項　目	スペック
CPU	ARM Cortex-M4F
プログラム・メモリ	512KB
外部フラッシュ	4MB
RAM	192KB
液晶	2.4インチ。320×240。ILI9341
Wi-Fi	2.4GHz/5GHz対応
Bluetooth	BLE 5.0
加速度センサ	LIS3DHTR
マイク	内蔵
スピーカー	内蔵
光センサ	内蔵
赤外線送信	内蔵
microSD	16GBまで対応
Groveインターフェイス	2つ
GPIO	40ピン（Raspberry Pi互換）
5方向スイッチ	1つ
押しボタン・スイッチ	3つ
内蔵LED	1つ

■ 開発は「Arduino」や「MicroPython」

開発環境は、「Arduino」や「MicroPython」に対応しており、これらの開発経験がある人なら、すぐに始められます。

※本記事の執筆時点では、Arduino環境のほうがユーザー数が多く、ライブラリなどが揃っているようです。

図8-1 Wio Teminalの前面。右下に十字のキーがある
側面手前に見えるのは、パソコンに接続するUSB-Cコネクタ(中央)とGrove端子(左右)。

図8-2 「Wio Terminal」の背面と側面。背面には40ピンの「GPIO」
窓のところには「光センサ」と「赤外線送信モジュール」。側面には3つの「押しボタン」がある。

■「M5Stack」と何が違うの？

液晶画面が付いていることから、先行している「M5Stack」と比較されがちです。

「CPUの種類」は大きな違いですが、「Arduino」や「MicroPython」による開発では、この違いは吸収されるため、明確な差が見えません。

●多数のセンサを内蔵

違いとして分かりやすいのが、「内蔵するセンサ」や「対応するデバイス」です。

---

①「十字キー」がある

「Wio Terminal」は「十字キー」があるので、入力操作を伴うものが作りやすいです。

②「マイク」や「赤外線送信」、「光センサ」が付いている

「マイク」や「赤外線送信」、「光センサ」が内蔵されているため、これらを作った電子工作を作ることができます。

③「Grove」がある

Seeed社は、簡単なコネクタで各種デバイスをつなげることができる「Groveシステム」の発案者です(https://wiki.seeedstudio.com/Grove_System/)。

「Wio Terminal」にも、2つの「Grove端子」が付いていて、「Grove対応デバイス」を接続できます。

④「ラズパイ互換」の「GPIO」

背面には、さまざまなデバイスを接続できる「GPIO」が付いています。この配置は、「ラズパイ互換」のピン配列です。

⑤「USBホスト」や「USBクライアント」にしやすい

公式サイトでは、「USBホスト」や「USBクライアント」として動かすためのサンプルが提供されています。

「Wio Terminal」を「キーボードやマウス」として見せたり、「MIDIデバイスとして扱う」ようなプログラムが作りやすいです。

●バッテリは内蔵されていない

先行する「M5Stack」は、バッテリを内蔵していますが、「Wio Terminal」はバッテリを内蔵していません。

実は、「Wio Terminal」の下にバッテリをドッキングするユニットが発売されていたのですが、設計改良のため、現在、販売休止中です。

※2020年10月に改良版が再販予定です。

8-2 開発をはじめる

公式の「Get Started」のWikiページには、使い始めるための、さまざまな情報が記載されています。まずは、ここから始めましょう。

https://wiki.seeedstudio.com/Wio-Terminal-Getting-Started/

注意点したいのが、表示言語です。「日本語」「英語」「中国語」などを切り替えられるようになっているのですが、言語によって情報量が大きく違います。

■ Arduino開発環境を整える

Arduino開発環境を整えるには、次のようにします。

[手順]　Arduino開発環境を整える

[1] Arduino IDEをインストールする

Arduino IDEをインストールします。

[2] ボード・ライブラリを追加

[ファイル]メニューから[環境設定]を選択します。[追加ボードマネージャのURL]に、下記のURLを入力します(図8-3)。

https://files.seeedstudio.com/arduino/package_seeeduino_boards_index.json

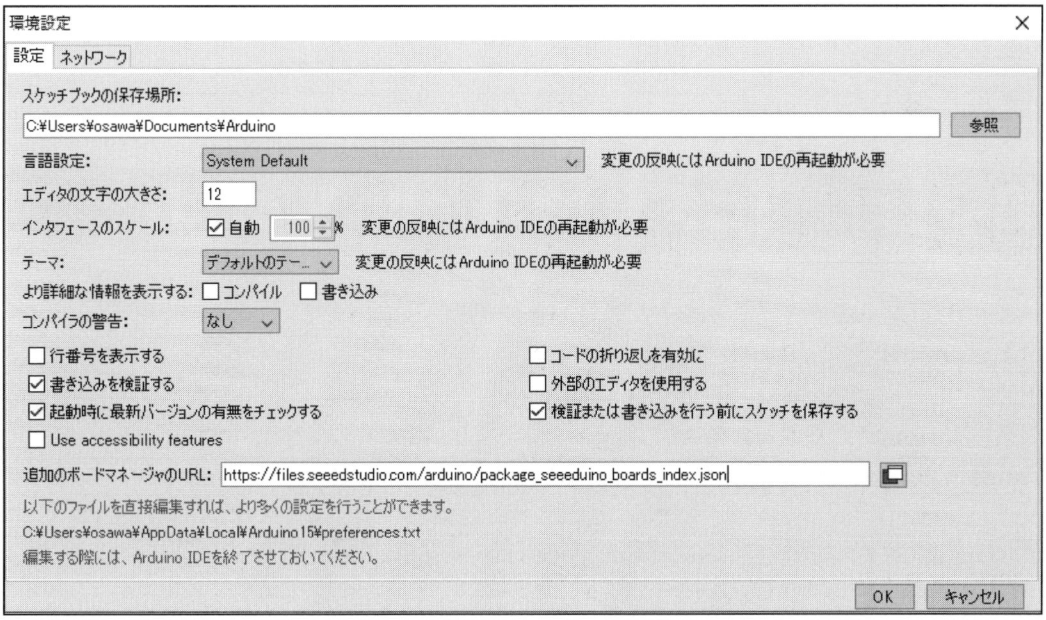

図8-3　「ボード・ライブラリ」を追加する

[3]「ボード・ライブラリ」のインストール

［ツール］―［ボード］―［ボードマネージャ］を選択します。

「wio terminal」で検索すると、「Seeed SAMD Boards」が見つかるので、それを選択して［インストール］をクリックします(図8-4)。

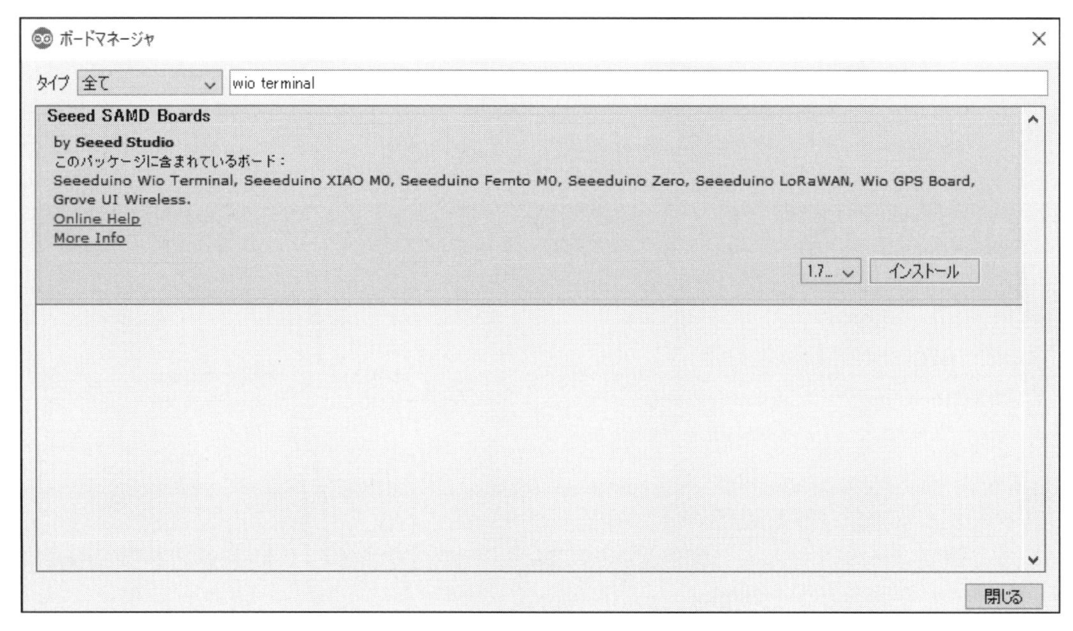

図8-4　「ボード・ライブラリ」のインストール

[4]　ボードの選択

［ツール］―［ボード］から［Seeduino Wio Terminal］を選択します。

8-3 「Lチカ」と「Hello World」

Seeed社は、各種ライブラリを下記のGitHubで提供しています。

https://github.com/Seeed-Studio

Wio Terminalの基本となるArduinoライブラリは、次のものです。

https://github.com/Seeed-Studio/Seeed_Arduino_Terminal

※ほかにも、「線グラフライブラリ(https://github.com/Seeed-Studio/Seeed_Arduino_Linechart)」や「赤外線ライブラリ(https://github.com/Seeed-Studio/Seeed_Arduino_IR)」などがあります。

■ Lチカのプログラムを作る

マニュアルには明示的に書かれていないのですが、USBコネクタの右側に小さな「青色LED」が付いていて、13番ピンにつながっています。

そのため、**リスト8-1**のプログラムを実行すれば、「Lチカ」できます。

リスト8-1 Lチカの例

```
void setup() {
  pinMode(13, OUTPUT);
}

void loop() {
  digitalWrite(13, HIGH);
  delay(1000);
  digitalWrite(13, LOW);
  delay(1000);
}
```

■ Hello Worldを作る

液晶画面に表示するには、「Seeed-Arduino-LCD」というライブラリを使います。

これは「TFT_eSPI」という、Arduinoでよく使われるライブラリからfork※されたものです。

※fork（フォーク）とは、あるソフトウェアパッケージのソースコードから分岐して、別の独立したソフトウェアを開発すること。

※M5Stackの液晶を操作するLCDライブラリも、TFT_eSPIを取り込んだものなので、M5Stackの液晶制御に慣れている人は、Seeed-Arduino-LCDにもすぐ慣れるはずです。

https://github.com/Seeed-Studio/Seeed_Arduino_LCD

「Seeed-Arduino-LCD」を使って「Hello World」を表示するサンプルを、**リスト8-2**に示します。

- 「LCD_BACKLIGHT」に対して「digitalWrite」を実行しているのは、「バックライトのオン」です。
- 「setRotation」は画面の方向を設定しています。「3」は横向きです。
- 「fillScreen」は、背景色の設定です。ここでは「黒」にしています。
- 「drawString」で文字列を描きます。数値は、順に、X座標、Y座標です。

「Seeed-Arduino-LCD」では、フォントを用意することで、日本語表示もできます。

リスト8-2　Hello World

```
#include"TFT_eSPI.h"
TFT_eSPI tft;

void setup() {
  tft.begin();
  digitalWrite(LCD_BACKLIGHT, HIGH);
  tft.setRotation(3);
  tft.fillScreen(TFT_BLACK);
  tft.drawString("Hello World", 0, 120);
}

void loop() {}
```

8-4 ボタン

「Wio Terminal」には、上面に3つのボタン、前面に方向ボタン(上下左右+押下の5ボタンに相当)が付いています。

*

たとえば、**リスト8-3**のようにすると、液晶画面に、3ボタンの押下の状態を表示できます。

ボタンは、("HIGH"ではなく)「"LOW"で押された」という判定になるので、注意してください。

※5ボタンは、「WIO_5S_UP」「WIO_5S_DOWN」「WIO_5S_LEFT」「WIO_5S_RIGHT」「WIO_5S_PRESS」という定数です。

リスト8-3　ボタンの確認

```
#include "TFT_eSPI.h"
TFT_eSPI tft;

// ボタン定義
int BUTTONS_3[] = {WIO_KEY_A, WIO_KEY_B, WIO_KEY_C};
String BUTTONS_3_MSG[] = {"ButtonA", "ButtonB", "ButtonC"};

void setup() {
  int i;

  // 液晶の初期化
  tft.begin();
  digitalWrite(LCD_BACKLIGHT, HIGH);
  tft.setRotation(3);
  tft.fillScreen(TFT_BLACK);

  tft.setCursor(0, 0);
  tft.setTextColor(TFT_RED);

  // 3ボタン
```

```
  for (i = 0; i < sizeof(BUTTONS_3)/sizeof(BUTTONS_3[0]); i++) {
    pinMode(BUTTONS_3[i], INPUT_PULLUP);
  }
}

void loop() {
  for (int i = 0; i < sizeof(BUTTONS_3) / sizeof(BUTTONS_3[0]); i++) {
    if (digitalRead(BUTTONS_3[i]) == LOW) {
        tft.println(BUTTONS_3_MSG[i]);
    }
  }
  delay(200);
}
```

8-5 液晶表示の基本

液晶表示には、「Seeed_Arduino_LCD」というライブラリを使います。

このライブラリは、「M5Stack」などでも使われている「TFT_eSPI」からフォークされたものです。

■ ライブラリの追加

下記で配布されているので、利用するには、ZIP形式でダウンロードして、Arduino IDEの[スケッチ]—[ライブラリをインクルード]—[.ZIP形式のライブラリをインストール]を選択して、追加してください。

https://github.com/Seeed-Studio/Seeed_Arduino_LCD

■ インクルード

リスト8-4に示したように、最初に、

```
#include "TFT_eSPI.h"
TFT_eSPI tft;
```

のようにしてインクルードします。

■ 初期化

初期化して、液晶のバックライトをオンにして、表示方向を設定、最後に、全体を黒で塗りつぶす——という流れです。

```
tft.begin();
digitalWrite(LCD_BACKLIGHT, HIGH);
tft.setRotation(3);
tft.fillScreen(TFT_BLACK);
```

■ 文字出力

文字出力には、「print」や「println」(改行付き)を使います。

出力位置は、setCursor関数で設定します。

また、「setTextColor」で、テキストの色を設定することもできます。

```
tft.setCursor(0, 0);
tft.setTextColor(TFT_RED);

tfr.println("Hello World");
```

8-6 高度なライブラリ「LovyanGFX」

「日本語表示」や「画像表示」は、Seeed社のライブラリも対応していますが、少しやりにくいので、「らびやん(@lovyan03)」氏が作成した「LovyanGFX」を使うのがよいでしょう。

https://github.com/lovyan03/LovyanGFX

「LovyanGFX」は、さまざまなマイコンに対応した、高速・高機能な「グラフィック・ライブラリ」です。

「Arduino IDE」のライブラリマネージャから「lovyan」で検索すると出てくるので、そこからインストールしてください(図8-5)。

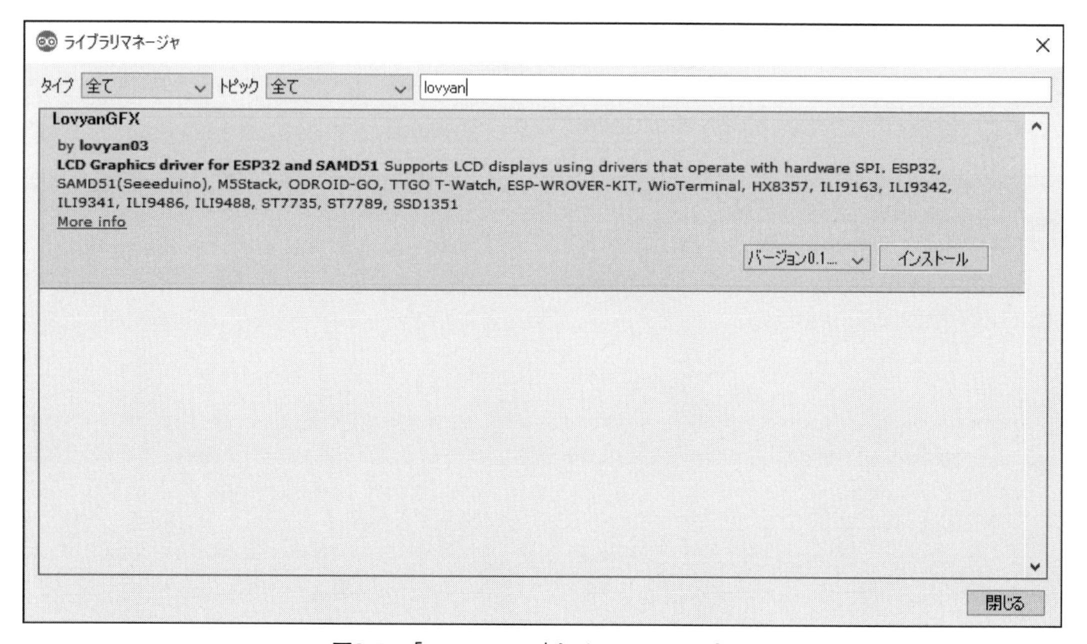

図8-5　「LovyanGFX」をインストールする

■「LovyanGFX」を使う場合の書き方

「LoveyanGFX」は、さまざまな機能(とくにゲームで役立ちそうな「スプライト機能」や「回転表示機能」など)をもっています。

しかし、基本的な機能だけなら、もともとの「TFT_eSPI」と置き換えるだけで、プログラムを大きく変更する必要はありません。次のようにするだけです。

```
#include <LGFX_TFT_eSPI.hpp>
static TFT_eSPI tft;
```

■ 日本語表示する

「Wio Terminal」に日本語を表示したいときは、フォントをビットマップに変換して、それをSDカードに入れます。

[手順]　日本語表示する

[1]フォントをビットマップに変換する

ビットマップの変換には、「Processing」(https://processing.org/)というソフトを使います。

変換方法については、Seeed社のWikiページ(https://wiki.seeedstudio.com/Wio-Terminal-LCD-Anti-aliased-Fonts/)が詳しいので、ここでの解説は省きます。

変換の際には、変換対象を[すべての文字]に設定しなければならないので注意してください。さもないと、「英数字フォント」しか作られません(**図8-6**)。

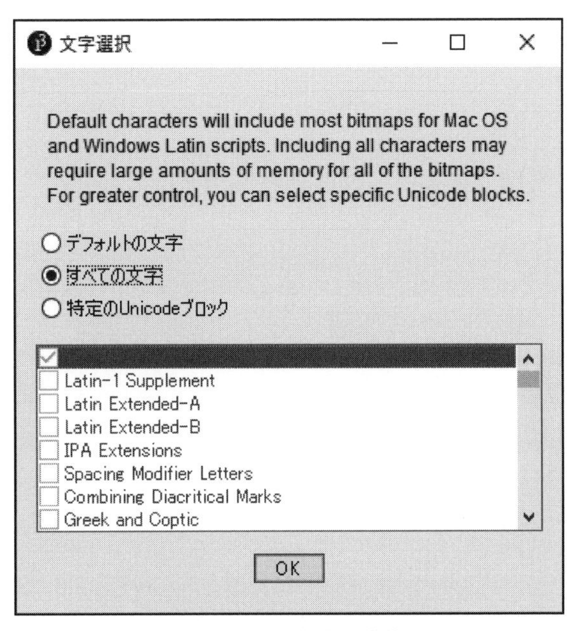

図8-6　すべての文字を変換する

[2] microSDカードにコピーする

[1]のファイルを「microSDカード」にコピーして、カードを、「Wio Terminal」に装着します。

[3] SDカードライブラリのインストール

「日本語フォント」はmicroSDカードに入れているため、microSDカードを読み書きするライブラリが必要です。

下記からダウンロードして、インストールしておいてください。

https://github.com/Seeed-Studio/Seeed_Arduino_FS/

[4] 日本語表示のサンプル

日本語表示するには、「loadFont関数」で、そのフォントを読み込みます。

「LoveyanGFX」を使う場合のサンプルを、**リスト8-4**に示します（**図8-7**）。

リスト8-4　日本語フォントを表示する例

```
#include<SPI.h>
#include "Seeed_FS.h"
#include "SD/Seeed_SD.h"

#include <LGFX_TFT_eSPI.hpp>
static TFT_eSPI tft;

void setup() {
  tft.begin();
  digitalWrite(LCD_BACKLIGHT, HIGH);
  tft.setRotation(1);
  tft.fillScreen(TFT_BLACK);

  // SDカードの準備ができるまで待つ
  while(!SD.begin(SDCARD_SS_PIN, SDCARD_SPI)){
    tft.println("Waiting SD...");
    delay(100);
  }
  delay(1000);

  // フォントの読み込み
  tft.loadFont("HGPGyoshotai-48.vlw");

  tft.setCursor(0, 0);
  tft.println("日本語を表示");

  // フォント解放
  tft.unloadFont();
}

void loop() {}
```

図8-7 日本語表示の例

■「JPEG画像」を表示する

「LoveyanGFX」には、「JPEG画像」を表示する機能があります。

「draewJpgFile」を使うと、指定した座標に「microSDカード」に保存した「JPEG形式ファイル」を表示できます(**図8-8**)。

```
tft.drawJpgFile(SD, "dan.jpg", 0, 0);
```

図8-8 JPEG画像を表示した例

8-7　Groveモジュール

「Wio Terminal」の底面には、2つの「GROVEコネクタ」があります。

＊

向かって左が「I2C対応」、右が「アナログ・デジタル対応」です。
対応電圧は、3.3V（図8-9）。

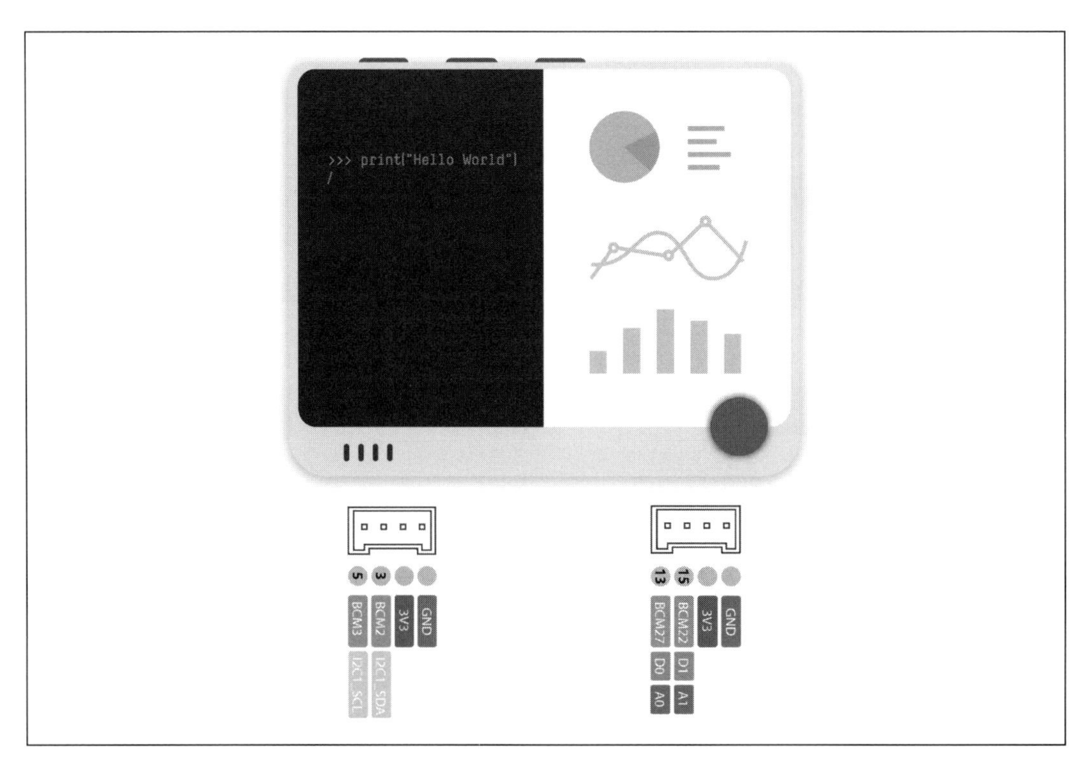

図8-9　Grove端子

8-8　デジタル「温度」「湿度」センサ

「Groveモジュール」の例として、デジタル「温度」「湿度」センサを扱います（図8-10）。

＊

これは、「DHT11」というモジュールを用いたもので、（I^2Cではなく）「デジタルのGroveモジュール」として動作します。

「Wio Terminal」と接続するときは、右側の「アナログ・デジタル対応」のほうに接続します。

【デジタル「温度」「湿度」センサ】

https://wiki.seeedstudio.com/Grove-TemperatureAndHumidity_Sensor/

図8-10　デジタル「温度」「湿度」センサ

8-9 温度や湿度を取得するプログラム

このセンサを使うには、「Seeed DHT library」を使います。

■ プログラムを作る

「温度」や「湿度」を取得して、液晶画面に数値として表示するプログラムを作るには、次のようにします。

[手順]　温度や湿度を取得する

[1] ライブラリのダウンロード

下記のURLから、「Seeed DHT library」をZIP形式でダウンロードします(図3)。

```
https://github.com/Seeed-Studio/Grove_Temperature_And_Humidity_Sensor
```

※Seed：シード

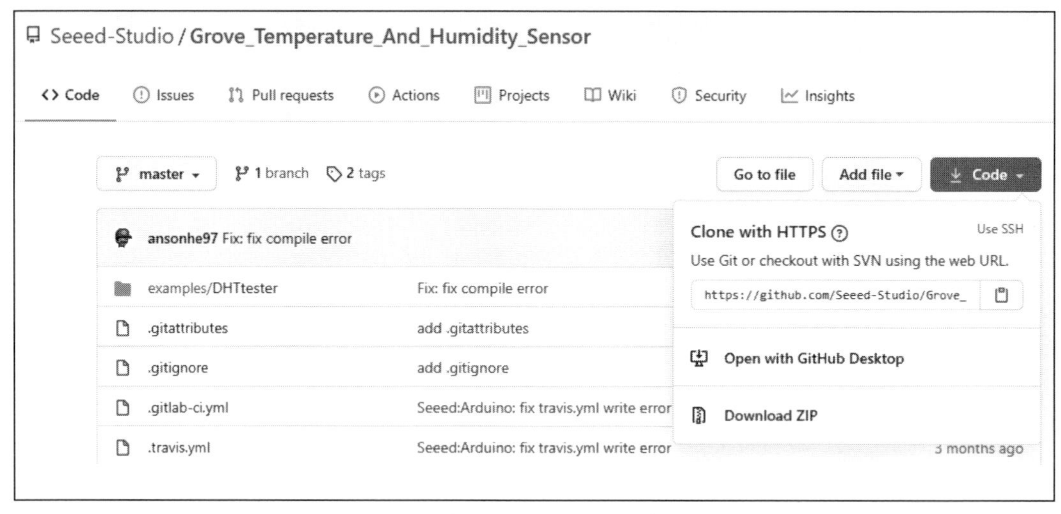

図8-11　ライブラリをZIP形式でダウンロード

[2]「Arduino IDE」に追加する

「Arduino IDE」の[スケッチ]メニューから、[ライブラリをインクルード]→[.ZIP形式のライブラリをインストール]を選択し、[1]でダウンロードしたZIPファイルを追加します。

[3]プログラムを記述して実行する

リスト8-5に示すプログラムを記述してビルドし、実行します。

液晶画面には、「温度」と「湿度」が、刻々と表示されます(図8-12)。

リスト8-5　温度・湿度を液晶表示するプログラム(Arduino言語)

```
#include "TFT_eSPI.h"
TFT_eSPI tft;

#include "DHT.h"
#define DHTPIN 0
#define DHTTYPE DHT11

DHT dht(DHTPIN, DHTTYPE);

void setup() {
  tft.begin();
  digitalWrite(LCD_BACKLIGHT, HIGH);
  tft.setRotation(3);
  tft.fillScreen(TFT_BLACK);

  Wire.begin();
  dht.begin();
}

void loop() {
  float temp_hum_val[2];
```

```
  if (!dht.readTempAndHumidity(temp_hum_val)) {
      tft.print("Temperature:");
      tft.println(temp_hum_val[1]);
      tft.print("Humidity:");
      tft.println(temp_hum_val[0]);
  }
  delay(1000);
}
```

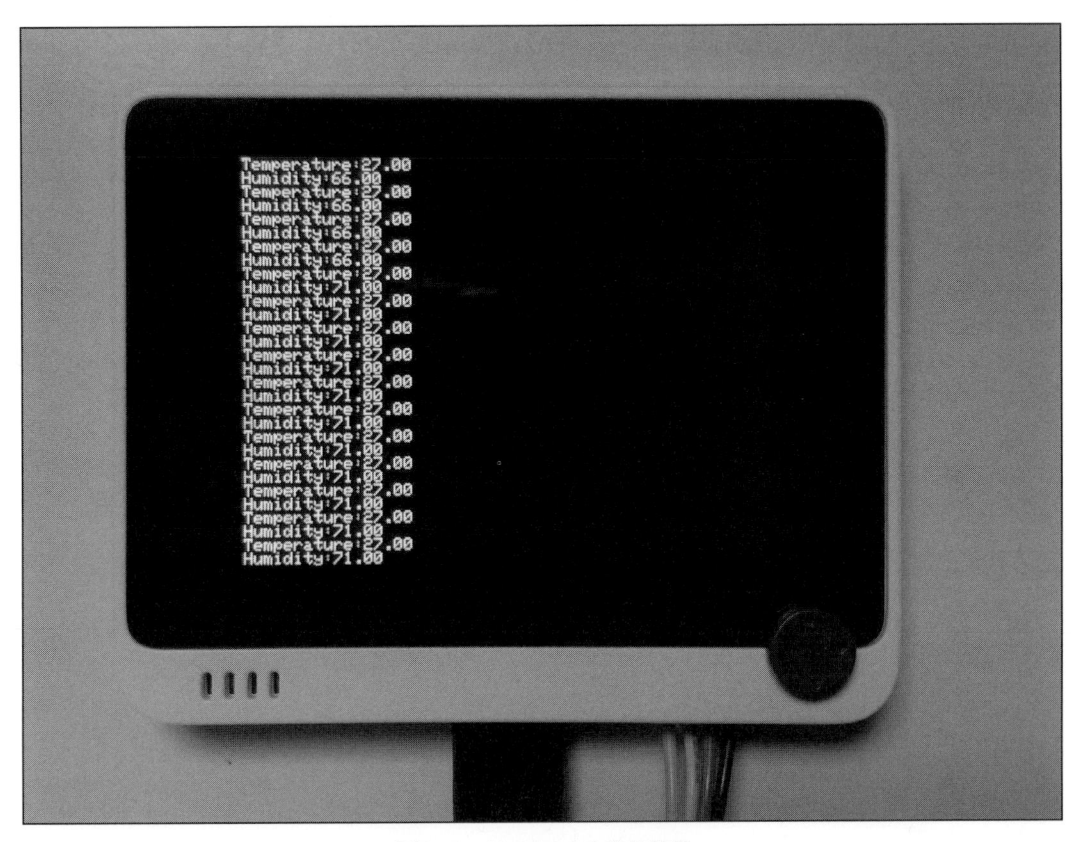

図8-12　リスト8-5の実行結果

■ プログラムの動き

リスト8-5では、次のように「DHTオブジェクトを用意しています。

```
#include "DHT.h"
#define DHTPIN 0
#define DHTTYPE DHT11

DHT dht(DHTPIN, DHTTYPE);
```

「DHTPIN」は、接続したピン番号です。

図8-9に示したように、右側のGROVEポートは「D0」に接続されているため、「0」を指定します。「DHTTYPE」は、センサの種類です。センサからの読み取りを開始するには、「begin」します。

```
Wire.begin();
dht.begin();
```

値の読み込みは、「readTempAndHumidityメソッド」を使います。
戻り値はfloat型の配列で、「要素0」に湿度、「要素1」に温度が入ります。

```
float temp_hum_val[2];
dht.readTempAndHumidity(temp_hum_val)
```

8-10 グラフ表示する

「Wio Terminal」は、画面が大きいのが特徴です。温度や湿度の値をグラフ表示してみましょう。

＊

「Wio Terminal」には、「Seeed_Arduino_Linechart Library」というライブラリがあり、簡単にグラフを描けます。

■ ライブラリの入手

まずは、下記のサイトから「Seeed_Arduino_Linechart Library」をZIP形式でダウンロードして入手します。

そして「Arduino IDE」の[スケッチ]メニューから[ライブラリをインクルード]—[.ZIP形式のライブラリをインストール]から追加します。

https://github.com/Seeed-Studio/Seeed_Arduino_Linechart

■ グラフ描画する例

グラフ描画するプログラムを、**リスト8-6**に示します。
グラフ描画は、LCDライブラリである「TFT_eSPI」のスプライト機能を使って実現されています。

＊

実行すると、**図8-13**のように、液晶画面にグラフが描画されます。

※紙面の都合上、細かい使い方は、端折っています。より詳しくは、下記のWikiページを参照してください。
ほかにも、ヒストグラム（棒グラフ）のライブラリもあります。

https://wiki.seeedstudio.com/Wio-Terminal-LCD-Linecharts/

リスト8-6　グラフ表示する例（Arduino言語）

```
#include "seeed_line_chart.h"

#include "DHT.h"
#define DHTPIN 0
#define DHTTYPE DHT11

DHT dht(DHTPIN, DHTTYPE);

// TFTライブラリの初期化
TFT_eSPI tft;
// スプライト
TFT_eSprite spr = TFT_eSprite(&tft);

#define max_size 50
doubles data;

void setup() {
  tft.begin();
  tft.setRotation(3);
  spr.createSprite(TFT_HEIGHT, TFT_WIDTH);

  Wire.begin();
  dht.begin();
}

void loop() {
  spr.fillSprite(TFT_WHITE);

  if (data.size() == max_size) {
    data.pop();
  }

  float temp_hum_val[2];
  if (!dht.readTempAndHumidity(temp_hum_val)) {
    data.push(temp_hum_val[1]);
  }

  // ヘッダの描画
  auto header = text(0, 0)
              .value("Temperature")
              .align(center)
              .valign(vcenter)
              .width(tft.width())
              .thickness(2);

  header.height(header.font_height() * 2);
  header.draw();

  // データの描画
  auto content = line_chart(20, header.height());
  content
          .height(tft.height() - header.height() * 1.5)
```

```
            .width(tft.width() - content.x() * 2)
            .based_on(0.0)
            .show_circle(true)
            .value(data)
            .color(TFT_RED)
            .draw();

  spr.pushSprite(0, 0);
  delay(10000);
}
```

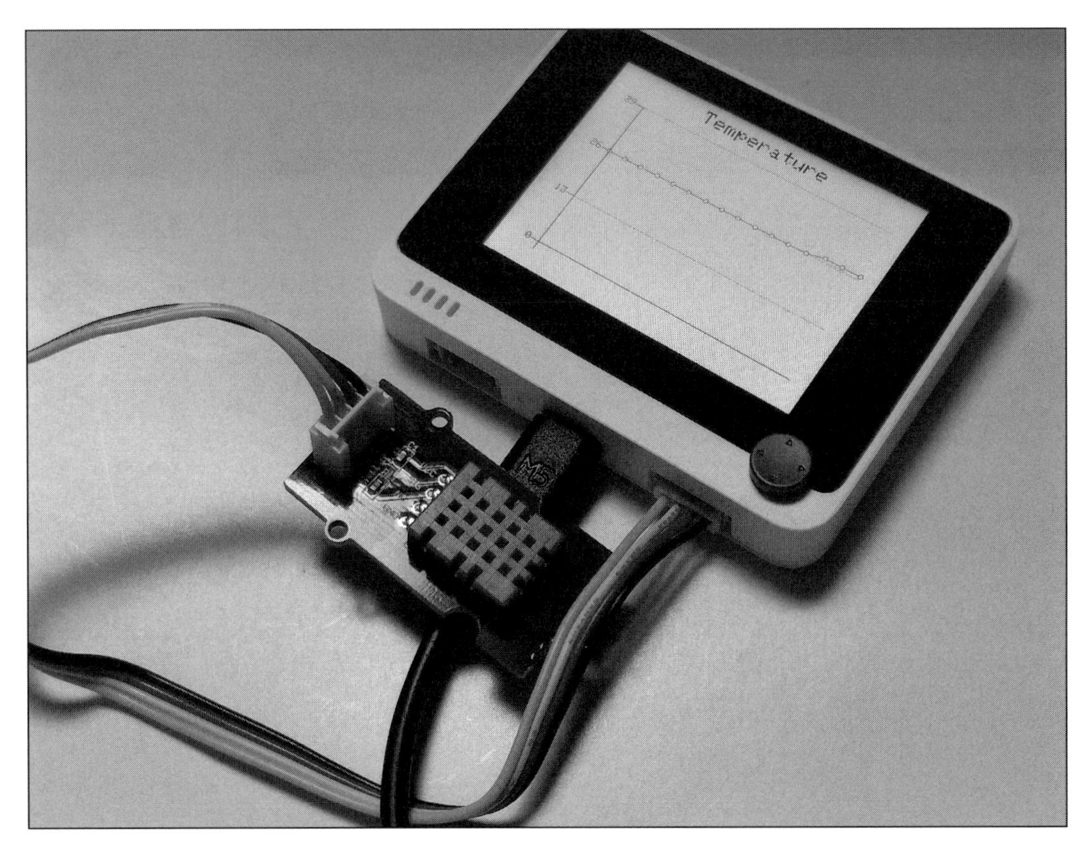

図8-13　温度をグラフで描画したところ

「REVIVE USB MICRO」でオリジナル「HIDデバイス」を作る

■ nekosan

「REVIVE USB」の小型版、「REVIVE USB MICRO」を使って、オリジナルの「HIDデバイス」を作る実験をしました。

入力7～12
5V
PIC18F14K50
GND
Micro-USB
コネクタ
入力1～6

REVIVE USB MICROボード

9-1　「REVIVE USB MICRO」とは

■「HIDデバイス」を簡単に作成

「REVIVE USB MICRO」は、オリジナルの「USB HIDデバイス」を簡単に作ることができる、超小型モジュール基板です。

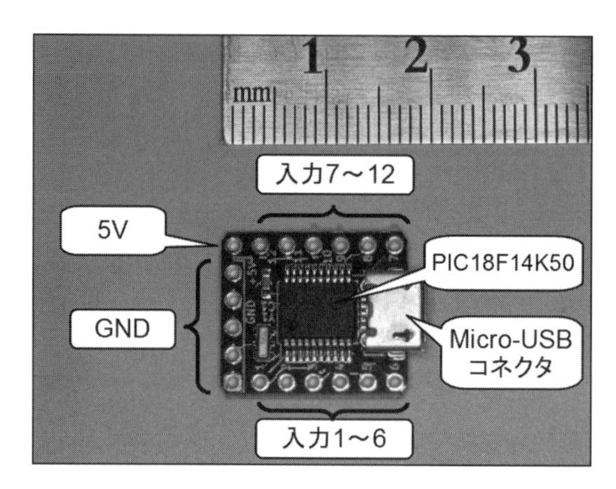

図9-1　超小型の「REVIVE USB MICROボード」

「USBデバイス」を自分でゼロから自作するのは大変です。
しかし、「REVIVE USB MICRO」を使えば、面倒なUSB通信周りの処理を担ってくれて、USBデバイスが簡単に作れます。

「REVIVE USB MICRO」は、旧型の「REVIVE USB」と比較して大幅に「小型化」されており、“1円玉1個”ほどの小さな基板上に、機能が集約されています。

また、一般的な「USBジョイパッド」などより一桁ほど速い毎秒1000回入力と、通信が「低遅延」であることも大きな特徴です。

[REVIVE USB MICRO公式ページ]

http://bit-trade-one.co.jp/adrvmic/

■ 設定はPC側のソフトで簡単に

「REVIVE USB MICRO」は、Microchip社製「PIC18F14K50」マイコンを搭載しています。
しかし、ファームウェアを自分でプログラミングする必要はありません。Windows PC用の設定ソフトが用意されており、GUI画面上で簡単に設定できます。

このソフトを使うと、モジュール基板上の12個の入力端子に、「USBジョイパッド」「USBキーボード」[USBマウス」の各機能を割り当てることができます。

＊

また、これらの「HIDデバイス」を1枚のボードに“混在”させることもできます。

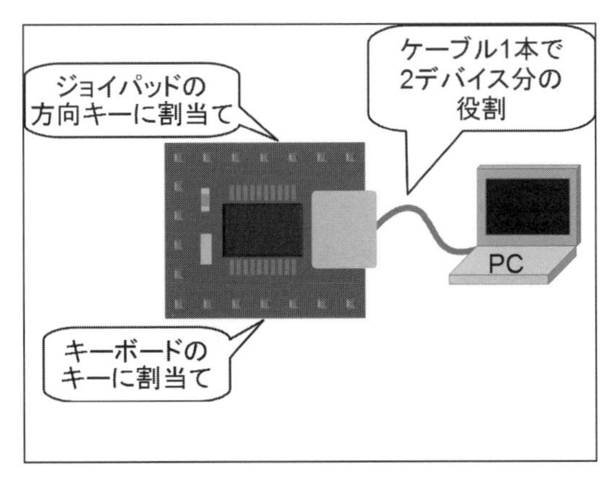

図9-2　設定のイメージ(複数デバイス混在)

9-2 各端子の使い方

■ 12本の「デジタル入力」

このモジュール基板に搭載されている端子は、「デジタル入力※」に設定されており、「ボタン」や「スイッチ」のような入力に対応できます。

＊

また、「電源端子(5V、GND)」を使い、「Arduino」などを動かして「連射機能」など、ちょっと複雑な処理を行なわせることも可能です。

※「アナログ入力機能」や、「振動機能付きジョイパッド」「ステータス表示LED」といった「出力機能」には、現状未対応。

■ 入力端子の動作と配線方法

12本の各入力端子は、それぞれボード上で「5V電源」に3.3k Ωで「プルアップ」されています。

そのため、何も接続していない状態では「HIGH」入力となります(負論理)。

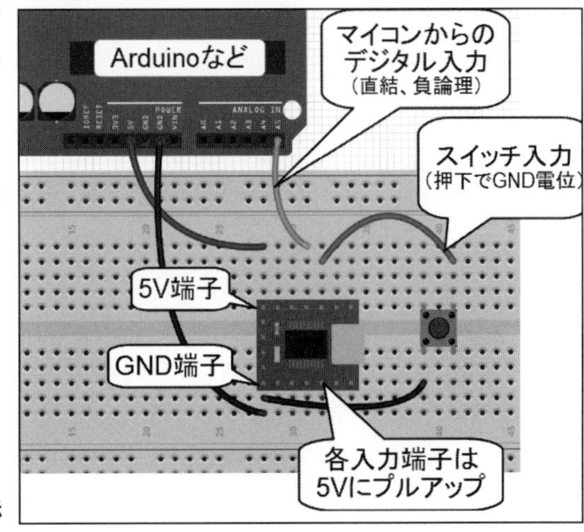

図9-3　配線の方法

このため、「タクト・スイッチ」などを接続する場合は、スイッチ端子の片方をこのモジュールの各「入力端子」に、もう片方を「GND端子」に配線します。

*

「タクト・スイッチ」の代わりに「Arduino」など、5V動作マイコンの「GPIO端子」は直結できます。

ただし、「負論理」であることに注意が必要です(また、3.3Vマイコンは「電圧変換」が必要)。

※なお、「入力端子」が12本では足りない場合には、「マトリックス拡張」用のファームウェアをダウンロードして書き込めば、最大36入力まで拡張可能です(詳細は公式ホームページ参照)。

9-3 PCソフトでの設定

■ ソフトの画面と機能

「REVIVE USB MICRO」の設定は、PC側のソフトから行ないます。

以下のサイト(Github)から、「NORMAL」→「PCTool」→「Revive_Micro_CT.exe」と辿ってダウンロードできます。

[PCソフト(Revive_Micro_CT.exe)のダウンロードページ]

https://github.com/bit-trade-one/REVIVE-USB-MICRO

このソフトを起動してから、USBケーブルで「REVIVE USB MICRO」を接続すると、ソフトの右下に「デバイス検出済」と表示され、設定可能な状態になります。

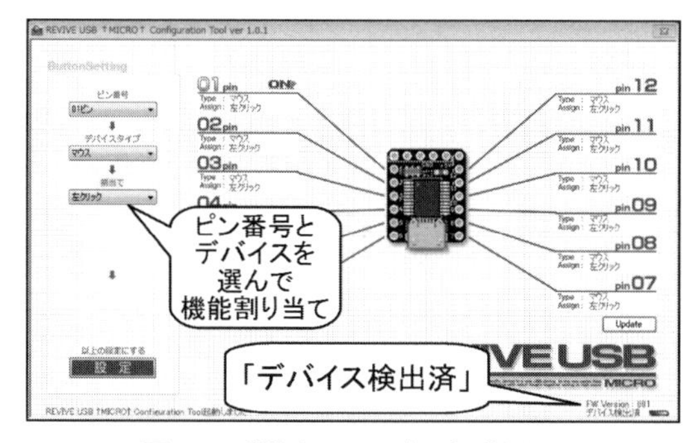

図9-4 「設定ツール」の起動画面

*

画面左側で「ピン番号」を選んでから、「デバイスタイプ」と、そのピンに割り当てたい「入力機能」(ジョイスティックの「方向」「ボタン」「キーボードのキー」など)を割り当てます。

この操作を、必要な「ピン」の数だけ繰り返してから、左下の[設定]ボタンを押すと、設定した内容がボードに書き込まれます。

*

回路がすでに組んである場合は、ボタン押下を行なうと、このGUI画面上の該当端子に

「ON」と赤く表示されるので、動作確認も可能です。

設定内容はボード内に記憶されるので、以降はボードを接続するだけで、書き込まれた機能に応じて動作します。

■ デバイスの混在が可能

1つのデバイス内に、「ジョイパッド」「キーボード」「マウス」の各デバイスの混在も可能で、複数のデバイスが必要なゲームに使うデバイスも、「REVIVE USB MICRO」が1個あれば作れます。

*

FPS (First Person Shooter) ゲーム用の「左手キーボード」のようなものも、自分の使い方に最も適した「世界に1個だけのデバイス」を作ることも可能です。

9-4 試用してみる

■ オリジナルの「混在デバイス」を作成

ジョイパッドを使うゲームには、「エンターキー」「シフトキー」「ESCキー」など「キーボード」を併用するものもあるでしょう。

筆者は、「FPSゲーム」などはあまりやりませんが、ここでは「キーボード」「ジョイパッド」「マウス」の入力機能の"複合デバイス"を作ります。

■ 設定内容と動作確認

PCソフト側から、以下のように3つのデバイスが混在するような設定をしました。設定自体はPCのGUI画面で簡単にできます。

※なお、ジョイパッドの「複数ボタン同時入力」や、キーボードの「Shift同時押下」といった複雑な操作も設定可能です。

表9-1　今回の設定内容

01ピン	マウス	左クリック
02ピン	キーボード	「ESC」
03ピン	ジョイパッド	ボタン1

配線も、各「入力端子」と「GND」の間にスイッチ類を挟むように配線するだけです。専門的な知識は、特に必要ありません。

他にも、必要に応じて、「アーケード用のジョイスティック」や「ボタン」など、耐久性の高いものを使うといいでしょう。

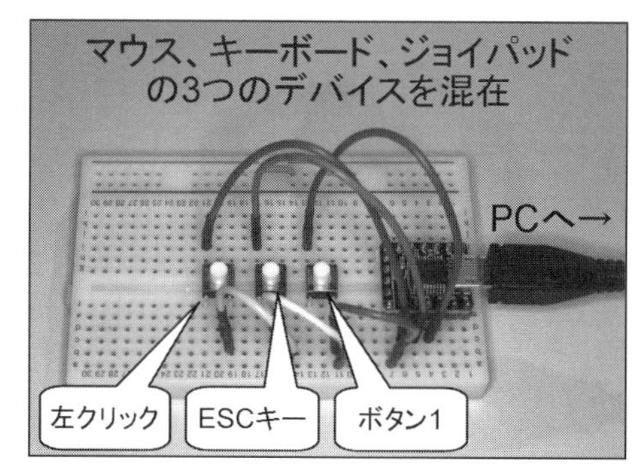

図9-5　「ブレッド・ボード」でデバイスを試作

このように配線、設定をしてPCと接続すると、普通の「HIDデバイス」同様に操作できました。

また、この設定を書き込んだまま、Android端末に接続してみたところ、同じように動作を確認できました。「HIDデバイス」なので、「iOS」も同様と思われます。

9-5　利用してみた印象など

■ 配線1本で多数接続可能なデバイス

先述したとおり、「REVIVE USB MICRO」の通信は、レイテンシが「1/1000秒」と短く、また、現状では「デジタル入力」のサポートに限られています。

こうしたことを踏まえると、「REVIVE USB MICRO」は、FPS用の「左手キーボード」や、微妙なタイミングが成否を分ける「デジタル入力のゲーム」などの自作デバイスに向いていると言えそうです。

＊

また、「USB端子」の少ない「Android」や「iOS」のデバイス用に、複数の「HIDデバイス」を1本の線だけで配線できるデバイスを作るのも便利です。

確認はできていませんが、もし操作が可能であれば、特に「音量調整デバイス」などを作るにも便利だなと思いました。

■ 機能アップが期待されるところ

一方、現状は「アナログ入力機能」は搭載されていません。

そのため、「マウス」の「移動速度」をアナログ的に変化させたり※、「アナログジョイスティック」のような、アナログ的に制御するデバイスには利用できません。

※マウス移動量は、「固定値」のみ設定可能。

このようなアナログ的な制御も可能なように、「アナログ入力機能(ADコンバータ)」もサポートされると、さらに用途が広がるでしょう。

また、現状は「出力機能」も搭載していないので、「振動機能付きパッド」や「LED表示」などに利用できる「出力機能」がサポートされると、利用範囲が広がりそうです。

索 引

数字順

アルファベット順

■A

■B

■C

■D

■E

■F

■G

■H

■I

■J

■K

■L

■M

■N

■O

50音順

[執筆者]

1章	大澤文孝
2章	勝田有一朗
3章	くもじゅんいち
4章	某吉
5章	英斗恋
6章	豊田　淳
7章	神田民太郎
8章	大澤文孝
9章	nekosan

＊本書は、月刊I/Oに掲載された記事を、抜粋・再構成しています。

質問に関して

本書の内容に関するご質問は、

①返信用の切手を同封した手紙
②往復はがき
③ FAX (03)5269-6031
　(ご自宅のFAX番号を明記してください)
④ E-mail　editors@kohgakusha.co.jp

のいずれかで、工学社編集部宛にお願いします。電話によるお問い合わせはご遠慮ください。

サポートページは下記にあります。
[工学社サイト] http://www.kohgakusha.co.jp/

I/O BOOKS

超カンタン！ 電子工作のはじめ方

2020年10月25日　初版発行　

編　集　I/O編集部
発行人　星　正明
発行所　株式会社工学社
〒160-0004 東京都新宿区四谷4-28-20　2F
電話　(03)5269-2041 (代) [営業]
(03)5269-6041 (代) [編集]
振替口座　00150-6-22510

※定価はカバーに表示してあります。

[印刷] シナノ印刷(株)

ISBN978-4-7775-2124-1